面向新工科普通高等教育系列教材

电子电气工程训练

山炳强　任宝森　张　彬　刘　涛　编著

机械工业出版社

本书紧密贴合高等院校电气信息类专业“电子工程训练”与“电气工程训练”课程的教学大纲要求，重点介绍了安全用电、电工工具、导线、常用电子元器件、焊接、表面贴装技术、低压电器、三相异步电动机控制。通过学习本书的实训内容，学生可以掌握电气电子产品制作和装配、检测和维修等基本技能，从而积累工程经验，培养解决工程问题的基本能力。本书图文并茂、通俗易懂，内容兼顾广泛性、实用性和操作性，旨在为学生提供一个易于学习、便于实践的学习平台。

本书可以作为大专院校电气工程、自动化、电子信息、机电一体化及其他相关专业教材，也可作为工程技术人员的参考用书。

为配合教学，本书配有电子课件和教学大纲，可在机工教育服务网（www.cmpedu.com）上免费注册，审核通过后获取。也可联系编辑索取（微信：18515977506，电话：010-88379753）。

图书在版编目（CIP）数据

电子电气工程训练 / 山炳强等编著. -- 北京 ：机械工业出版社, 2025. 2. -- (面向新工科普通高等教育系列教材). -- ISBN 978-7-111-77797-7

Ⅰ. TN-44；TM-44

中国国家版本馆 CIP 数据核字第 2025TE7886 号

机械工业出版社（北京市百万庄大街 22 号　邮政编码 100037）

策划编辑：李馨馨　　　　责任编辑：李馨馨　汤　枫

责任校对：樊钟英　李　杉　　　　责任印制：刘　媛

北京中科印刷有限公司印刷

2025 年 3 月第 1 版第 1 次印刷

184mm×260mm・11.5 印张・231 千字

标准书号：ISBN 978-7-111-77797-7

定价：49.00 元

电话服务
客服电话：010-88361066
010-88379833
010-68326294

网络服务
机　工　官　网：www.cmpbook.com
机　工　官　博：weibo.com/cmp1952
金　书　网：www.golden-book.com
机工教育服务网：www.cmpedu.com

前　言

本书根据高等院校电气信息类专业“电子工程训练”和“电气工程训练”课程的教学大纲，结合编者多年教学实践经验精心编写而成。

本书依据理论与实训相结合的原则，重点介绍电气和电子基本知识及基本操作技能，主要目的是提高学生的独立实践操作能力。

本书共 8 章，第 1 章介绍安全用电，内容包括触电急救、防范电气火灾。第 2 章介绍常用电工仪表和工具的使用。第 3 章介绍导线的剖削、连接和恢复。第 4 章介绍常用电子元器件，包括电阻、电容、电感、二极管等。第 5 章介绍焊接技术。第 6 章介绍表面贴装技术（SMT）基础知识和手工 SMT 焊接。第 7 章主要介绍常用的低压电器，包括交流接触器、热继电器、中间继电器等。第 8 章主要介绍三相异步电动机和常见的控制电路。

本书在内容安排上力求做到深浅适度、重点突出，并注意广泛性、实用性和操作性。通过大量图表讲解基本知识和操作技巧，文字叙述力求简明扼要、通俗易懂，既方便教师讲授，又便于学生理解掌握。

本书的编写是在国家级电工电子实验教学中心（青岛大学）的大力支持下完成的。其中，第 1、2 章由刘涛编写，第 3、4 章由任宝森编写，第 5、6 章由山炳强编写，第 7、8 章由张彬编写，全书由山炳强统稿。书中的训练内容均经过编者多年教学积累和实践，编写过程中还参阅借鉴了国内外相关高等院校的教材和资料，在此表示感谢。由于编者水平有限，书中难免存在不妥之处，恳请广大读者和同行给予批评指正。

编　者

目　录

前言
第 1 章　安全用电 …… 1
1.1　触电与触电急救 …… 1
1.1.1　认识触电 …… 1
1.1.2　触电方式 …… 3
1.1.3　触电急救 …… 4
1.2　电气火灾与电气消防 …… 7
1.2.1　认识电气火灾 …… 7
1.2.2　防范电气火灾 …… 8
1.2.3　电气火灾的扑救 …… 9
1.3　安全用电措施 …… 11
1.3.1　防范措施 …… 11
1.3.2　接地和接零 …… 12
1.4　实训——灭火器的使用 …… 15
第 2 章　电工工具 …… 17
2.1　电工工具简介 …… 17
2.1.1　常用电工工具 …… 17
2.1.2　常用线路装修工具 …… 22
2.2　数字万用表 …… 24
2.2.1　数字万用表的介绍与使用 …… 24
2.2.2　数字万用表的维护 …… 26
第 3 章　导线 …… 27
3.1　导线的分类 …… 27
3.2　导线的剖削 …… 27
3.2.1　塑料硬线绝缘层的剖削 …… 28
3.2.2　塑料护套线绝缘层的剖削 …… 30
3.2.3　橡胶软套线绝缘层的剖削 …… 30
3.2.4　花线绝缘层的剖削 …… 31
3.3　导线的连接 …… 31

3.3.1　单股导线的连接…… 32
3.3.2　多股导线的连接…… 34
3.3.3　线头与接线桩的连接…… 36
3.3.4　铝芯导线的连接…… 38
3.4　导线绝缘的恢复…… 39
3.4.1　一般导线接头的绝缘处理…… 39
3.4.2　压线钳和冷压接线端头…… 41
3.5　实训——家庭用电线路的连接…… 42
3.5.1　家庭用电线路简介…… 42
3.5.2　线路的设计…… 43
3.5.3　安装与调试…… 43
第4章　常用电子元器件…… 47
4.1　电阻器…… 47
4.1.1　电阻器的分类和命名…… 47
4.1.2　电阻的参数…… 50
4.1.3　电阻器的检测与选用…… 54
4.1.4　电位器…… 55
4.2　电容器…… 57
4.2.1　电容器的分类…… 57
4.2.2　电容器的型号命名…… 59
4.2.3　电容器的主要参数…… 60
4.2.4　电容器的检测与使用…… 63
4.3　电感器…… 65
4.3.1　电感器的分类…… 66
4.3.2　电感器的主要参数…… 67
4.3.3　电感器的检测与选用…… 68
4.4　半导体二极管…… 69
4.4.1　二极管的分类…… 70
4.4.2　二极管的型号命名…… 70
4.4.3　二极管的主要参数…… 71
4.4.4　二极管的检测与选用…… 72
4.5　半导体晶体管…… 73
4.5.1　晶体管的种类…… 74
4.5.2　晶体管的型号命名…… 74

4.5.3 晶体管的主要参数……75
4.5.4 晶体管的检测与选用……75
4.6 集成电路……76
4.6.1 集成电路的分类……77
4.6.2 集成电路的型号命名法……77
4.6.3 集成电路的主要参数……78
4.6.4 集成电路外形和引线识别……79
4.6.5 集成电路的检测方法……82
第5章 焊接……83
5.1 焊接基本知识……83
5.1.1 焊接工具……83
5.1.2 焊料和助焊剂……87
5.1.3 电烙铁的选用……88
5.2 焊接基本技能……90
5.2.1 焊前处理……90
5.2.2 焊接操作……92
5.2.3 焊点质量及检查……95
5.3 拆焊操作……97
5.4 电烙铁的使用注意事项……99
5.5 实训——万用表的制作……100
5.5.1 万用表的焊接……100
5.5.2 万用表的安装……103
5.5.3 万用表的校准……105
第6章 表面贴装技术……107
6.1 SMT 基础知识……107
6.1.1 电子组装技术的发展……107
6.1.2 SMT 简介……108
6.2 手工小型 SMT 设备……113
6.2.1 准备工作……113
6.2.2 基本工艺过程……114
6.3 实训——自动搜索调频收音机制作……118
6.3.1 表面贴装元件的焊接……119
6.3.2 分立元件的装焊……121
6.3.3 调试……123

6.3.4 总装……123
第7章 低压电器……126
7.1 认识低压电器……126
7.1.1 低压电器的分类……126
7.1.2 低压电器的表示……127
7.2 低压配电电器……128
7.2.1 熔断器……128
7.2.2 刀开关……131
7.2.3 转换开关……133
7.2.4 断路器……135
7.3 低压控制电器……139
7.3.1 按钮……139
7.3.2 行程开关……142
7.3.3 接触器……146
7.3.4 中间继电器……149
7.3.5 热继电器……150
7.3.6 时间继电器……152
第8章 三相异步电动机控制……156
8.1 三相异步电动机介绍……156
8.1.1 三相异步电动机的分类与结构……156
8.1.2 三相异步电动机的参数……158
8.2 控制电路……160
8.2.1 直接起停控制电路……160
8.2.2 电动机的点动控制……161
8.2.3 电动机正反转控制……162
8.2.4 多台电动机顺序控制……166
8.2.5 行程控制……167
8.2.6 Y-△起动控制电路……168
8.3 电动机常见故障的处理……169
8.4 实训——电动机控制配盘……170
8.4.1 电气元件的布置……170
8.4.2 接线操作……172
8.4.3 上电调试……173
参考文献……174

第1章　安全用电

电能作为当今社会最重要的能源之一，以各种各样的形式造福于人类，它不仅从根本上改变了当今人类的物质生活，更为人类的文明铺就了坚实的道路。

电力与人类生活越来越密不可分，因此，清晰地了解电，掌握电的相关知识是非常有必要的。由于电本身是看不见、摸不着的，所以它具有潜在的危险性。只有掌握了用电的基本规律，懂得了用电的基本常识，按操作规程办事，才能使电更好地为人类服务。否则就会造成意想不到的电气事故，导致人身触电，电气设备损坏，甚至引起重大火灾或损害人身安全等。所以必须高度重视用电安全问题。

1.1　触电与触电急救

安全用电是指电气工作人员及其他人员在既定的环境条件下，采取必要的措施和手段，在保证人身及设备安全的前提下，正确地使用电力。

1.1.1　认识触电

安全用电首先是人身安全。由于人体组织大约 70%是由含有导电物质的水分组成的，所以人体是良导电体。当人体触及带电体时，电流会通过人体，也就是触电。

电流通过人体时，会对人的身体和内部组织造成不同程度的损伤，这种损伤分为电伤和电击两种。电流对人体的有害作用主要表现为：电热作用、电离或电解作用、生物学作用、机械作用，见表 1-1。

表 1-1　电伤和电击

触　电	原　因	现　象
电伤	电流对人体外部造成的局部损伤	造成电伤的电流比较大，会在肌体表面留下伤痕，一般有电弧烧伤、电烙印和熔化的金属渗入皮肤（称皮肤金属化）等伤害
电击	电流通过人体时，使人的内部组织受到较为严重的损伤	会使人觉得全身发热、发麻，使肌肉非自主地发生痉挛抽搐，逐渐失去知觉，严重时会破坏人的心脏、肺部以及神经系统的正常工作，甚至危及生命

触电对人体的伤害程度的影响因素有很多，如：通过人体的电流、时间、频率、电流途径、电流种类以及触电者自身的身体状况等。

1. 电流的大小

通过人体的电流越大，对身体造成的伤害越大。对于 50Hz 的交流电，电流为 1.0mA 左右时可以被人体感知，这时人体触电后可以自主摆脱电源。人体触电后可以自主摆脱电源的最大电流为 10～16mA，女性的摆脱能力相对较弱。当电流达到 30mA 以上时，就可对人体造成伤害，并有可能危及生命。当电流达到 100mA 以上时，就可在极短时间内使人失去知觉、呼吸停止、心室颤动（简称室颤）、心搏骤停，甚至导致死亡。电流大小对人体的作用详见表 1-2。

表 1-2　工频电流对人体的影响

电流/mA	通电时间	人的生理反应	
		交流电	直流电
0～0.5	连续通电	没有感觉	没有感觉
0.6～1.5	连续通电	逐渐有感觉，手指微微颤抖	没有感觉
5～7	连续通电	手指痉挛	感觉痒和热
8～30	数分钟以内	痉挛，不能摆脱带电体，呼吸困难，血压升高，是可以忍受的极限	较强的灼热感，上肢肌肉收缩
30～50	数秒到数分钟	心脏跳动不规则，血压升高，强烈痉挛，时间过长会引起心室颤动	强烈的灼痛感
50～100	数秒到数分钟	频率低于心脏搏动周期，人体受到强烈冲击，但未发生心室颤动；频率超过心脏搏动周期，会导致昏迷，心室颤动，接触部位留有电流通过的痕迹	上肢肌肉强烈收缩痉挛，呼吸困难、麻痹
100～300	数秒到数分钟	频率低于心脏搏动周期，在心脏搏动特定的相位触电时，发生心室颤动、昏迷，接触部位留有电流通过的痕迹；频率超过心脏搏动周期，心脏停止跳动，昏迷，可能致命的电击伤	呼吸麻痹，心脏停止跳动

2. 触电的时间

通常用触电电流大小与触电时间的乘积来反映触电的伤害程度，这种伤害是可以累积的。电流在人体内作用的时间越长，人体电阻会降低，电流波峰与心脏搏动波峰重合的可能性越大，对人体的伤害也越大，人体获救的可能性就越小。因此当发现有人触电时，必须立即采取措施，迅速使触电者脱离电源。

3. 触电电流在人体内流过的路径

电流在身体内流过的路径，对触电的严重性有重要影响。电流流过人体的重要器官时，例如，电流从头到脚、从手到脚，或从一只手到另一只手时，触电的严重性最大。

电流流过头部，可引起中枢神经麻痹、致使呼吸停止以及循环中枢抑制而使心搏骤停；流过心脏，可引起心脏纤维变性、断裂或凝固性坏死、丧失弹性，引起心室纤维颤动；电流流过脊髓，可引起肢体瘫痪。

电流从一只脚流到另一只脚，或同一只手的两指之间流通时，会使局部肌肉抽搐和痉挛，严重性相对来说较小。但长时间也会致人失去知觉，因此不能认为局部触电不存在危险。

4. 人体电阻

人体电阻由皮肤电阻以及脂肪、肌肉、骨骼、血液等内部组织电阻组成，一般情况下，人体电阻为 600～1000Ω。影响人体电阻的因素很多，例如：若皮肤干燥，则电阻相对较大；若皮肤较潮湿，接触面积大，则电阻相对较小。此外，季节、气候、天气、皮肤损伤、皮肤上有导电性粉尘等因素也会引起人体电阻变化。

5. 电压的大小

触电导致人体伤害的主要原因是电流，电流的大小又取决于电压的大小与人体电阻，而人体电阻的变化相对较小，所以通常我们把 36V 电压定为接触安全电压，36V 以上为危险电压。随着用电场所的改变，安全电压也应改变，例如在隧道、矿井等潮湿环境，安全电压要降到 24V、12V，甚至更低。

6. 电流的频率

一般认为 30～300Hz 的交流电对人体的危险最大，最易引起人体室颤，所以在使用 50～60Hz 的工频交流电时要格外小心。随着频率的增大，危险性会降低，如，大于 100kHz 的高频交流电流可以用于治疗某些疾病。

1.1.2 触电方式

造成触电事故的原因很多，如缺乏电气安全知识、违反操作规程、设备不合格、维修管理不善等。

发生触电事故的一般规律有：明显的季节性，低压触电多于高压触电，农村触电多于城市触电，儿童、青中年多，单相触电多，触电多发生在电气连接部位，使用移动式和手持式工具情况下触电多，误操作触电事故多等。

人体触电的方式多种多样，一般可分为直接触电和间接触电。直接触电是指人体直接接触带电设备。间接触电是指人体接触正常时不带电而事故时带电的导电体所造成的触电事故，如电气设备的金属外壳、框架等。

常见的几种人体触电方式见表 1-3。

表 1-3　常见的几种人体触电方式

类型		说明	图示
直接触电	单相触电	直接接触三相电源中的一根相线，称为单相触电。触电时电流通过人体再经大地至电源中点构成回路。人若穿着鞋袜，并站在干燥地板上，则人体与大地之间电阻较大，通过人体的电流很小，不会造成严重的触电危险。人如果赤脚着地，通过人体的电流就很大，这是很危险的	A B C
	两相触电	同时接触三相电源中的两根相线，人体上作用的是电源的线电压，这种触电方式称为两相触电，两相触电是很危险的触电方式	A B C
间接触电	跨步电压触电	当电线落地或大电流从接地装置流入大地时，会在地面上形成电场，这时人的两脚站在电场中，两脚之间存在的电位差就是跨步电压。由跨步电压引起的人体触电称为跨步电压触电。高压设备发生接地时，室内不得接近故障点 4m 以内，室外不得接近故障点 8m 以内。离接地点越近，承受的电压越大	

1.1.3　触电急救

当发现有人触电时，必须立即使触电者脱离电源，因为只有触电者脱离电源，才能终止电流对人体的伤害，才能对触电者实施抢救。

1．迅速使触电者脱离电源

使触电者脱离电源的方法有以下几种。

1）若电源开关或插头就在附近，应立即断开电源开关或拔下插头。

2）若附近找不到电源开关或插头，应使用带绝缘手柄的电工钳，或使用有干燥木柄的器具，如斧头、菜刀等切断导线，断开电源。

3）当电线落在触电者身上或被触电者压在身下时，可用干燥的衣服、手套、绳索、木棍等绝缘材料作工具，拉开触电者，或移开触电者身上的电线，使触电者脱离电源。如图 1-1 所示。

当发生触电时，除了应迅速使触电者撤离电源和拨打急救电话外，还应进行必要的现场诊断和抢救。现场触电急救的原则可总结为八个字：迅速、就地、准确、坚持。

2．触电现场的诊断

触电现场的诊断方法见表 1-4。

a）用一只手拉触电人干燥的衣服

b）用木棍挑开电线

图 1-1　使触电者脱离电源的方法

表 1-4　触电现场的诊断方法

步　骤	说　明	图　示
一看	看一看触电者的胸部、腹部有无起伏动作	
二听	听一听触电者心脏跳动情况和呼吸声音	
三试	试一试触电者口鼻有无呼气的气流，摸一摸喉结旁凹陷处的颈动脉有无搏动	

3. 口对口人工呼吸抢救法

如果触电者呼吸困难或呼吸停止，但心脏还在跳动，应采用人工呼吸抢救法，动作必须准确、规范，其具体步骤见表 1-5。

表 1-5　口对口人工呼吸抢救法

步　骤	说　明	图　示
一	让触电者仰卧躺平，解开衣领裤带，清除口腔内的假牙等杂物	
二	把触电者的头部推向后仰，舌根抬起，让气道通畅	

（续）

步　骤	说　明	图　示
三	一手捏住触电者的鼻孔，另一只手将其下颌拉向前下方，使嘴巴张开，准备接受吹气。深呼吸后紧贴嘴吹气，吹气力度和吹气量要适当	
四	放松嘴鼻换气，让触电者自动向外排气。隔 5s（吹 2s，放松 3s）吹一次气，坚持连续进行，一直到呼吸恢复正常	

4. 人工胸外按压抢救法

当触电者虽有呼吸但心跳停止时，应采用人工胸外按压，即由救护者用手掌在触电者的胸处有节奏地加压，促使其心脏恢复跳动的一种现场急救方法，具体步骤见表 1-6。

表 1-6　人工胸外按压抢救法

步　骤	说　明	图　示
一	让触电者仰卧，解开衣领裤带，找准位置，左手掌按于触电者胸骨下二分之一处，中指指尖对准颈部凹陷的下缘	压区
二	救护人员的两肩位于伤员胸骨正上方，两臂伸直，肘关节固定不屈，两手掌要相叠，手指翘起，不接触伤员胸壁，只允许掌根接触按压部位	
三	选好正确的压力点，适当用力带有冲击性的按压触电者的胸骨	
四	按压到一定程度，掌根迅速放松，使触电者胸骨复位，按压与放松动作要有节奏，每秒进行一次，坚持连续进行，直到触电者苏醒	

5. 伤势严重的抢救法

当触电者伤势严重，呼吸和心跳都停止，或瞳孔开始放大时，应同时采用口对口人工呼吸和人工胸外挤压抢救法，不许间断抢救。如图 1-2 所示。

6. 注意事项

在触电现场进行抢救时，还需注意以下几点。

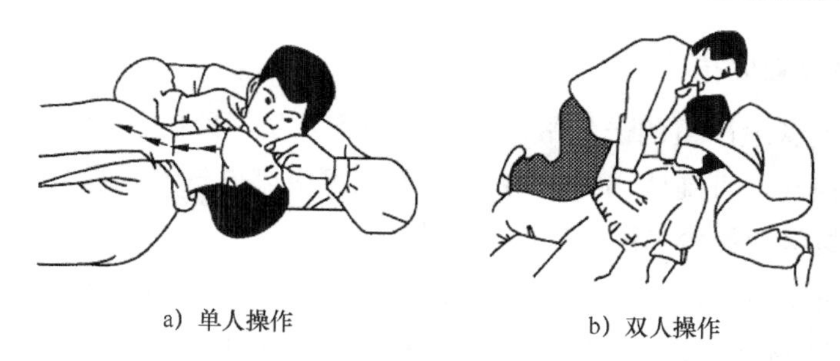

a）单人操作　　b）双人操作

图 1-2　呼吸和心跳都停止的抢救方法

1）将触电者身上妨碍呼吸的衣服全部解开，越快越好。

2）迅速将触电者口中的假牙或食物取出，如图 1-3a 所示。

3）如果触电者牙紧闭，须使其口张开，把下颚抬起，将两手四指托在下颚背后外，用力慢慢往前移动，使下牙移到上牙前，如图 1-3b 所示。

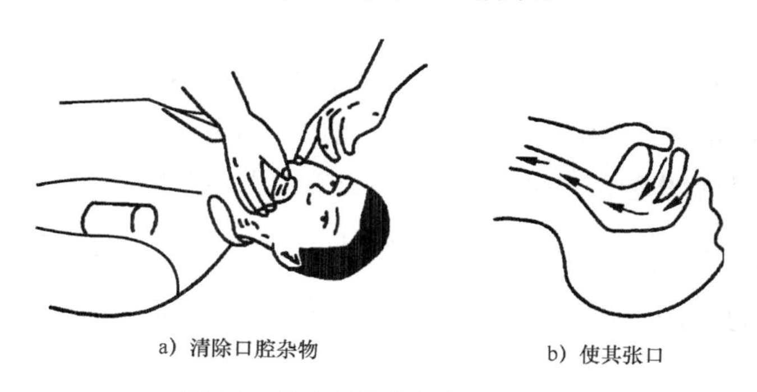

a）清除口腔杂物　　b）使其张口

图 1-3　触电现场的操作注意事项

4）在现场抢救中，不能打强心剂，也不能泼冷水。

1.2　电气火灾与电气消防

近年来，电气火灾一直在所有火灾中发生比例最高，高达 30%以上，在全国范围内每天都会发生。电气火灾的高发引起公众广泛关注，必须重视电气防火。

1.2.1　认识电气火灾

电气火灾是指由电气原因引发燃烧而造成的灾害。短路、过载、漏电等电气事故都有可能导致火灾。

设备自身缺陷、施工安装不当、电气接触不良，以及雷击、静电引起的高温、电弧和电火花是导致电气火灾的直接原因。周围存放易燃易爆物是电气火灾的环境条件。

1. 短路、电弧和火花

短路是电气设备最严重的一种故障。电气设备发生短路时，会在短路点产生电弧或火花。电弧温度很高，可高达 6000℃以上，不但可引燃电气设备本身的绝缘材料，还可将它附近的可燃材料和粉尘引燃，从而导致火灾。

有些电气设备正常运行时就能产生电火花、电弧，如大容量开关、接触器触点的分合操作，都会产生电弧和电火花，遇可燃物便可点燃，遇到可燃气体便会发生爆炸。

2. 过载引起电气设备过热

由于选用线路或设备不合理，线路的负载电流量超过了导线额定的安全载流量，电气设备长期超载（超过额定负载能力），在没有合格的过电流保护器情况下就极易引发火灾事故。

3. 接触不良引起过热

如线路接头松动或不紧密、动触点压力过小等，时间长了就会在接头处出现打火；还有铜芯线与铝线相接，表面会出现一层氧化层，随着时间的久远，氧化层会越积越厚，并产生较大的接触电阻，在接触部位发生过热而引起火灾。

4. 通风散热不良

大功率设备缺少通风散热设施或通风散热设施损坏造成过热而引发火灾。

5. 电器使用不当

如电炉、电熨斗、电烙铁等未按要求使用，或因人离开而未将电源关闭，造成电器长时间工作而引发火灾事故，这类电气火灾在日常生活中颇为多见。

6. 雷击引起火灾

雷击引起火灾的原因主要是雷击产生的电流通过电线进入电气设备，巨大的电流会击穿绝缘保护和零部件并将其烧毁，从而引起火灾。

1.2.2 防范电气火灾

电气火灾的防护措施主要致力于消除隐患、提高用电安全，具体措施如下。

1. 正确选用保护装置，防止电气火灾发生

1）对正常运行条件下可能产生电热效应的设备采用隔热、散热和强迫冷却等结构，并注重耐热、防火材料的使用。

2）按规定要求设置包括短路、过载、漏电保护设备的自动断电保护。对电气设备和电路正确设置接地、接零保护，为防雷电，安装避雷器及接地装置。

3）根据使用环境和条件正确选择电气设备。恶劣的自然环境和有导电尘埃的场合，应选择有抗绝缘老化功能的产品，或增加相应的措施；对易燃易爆场所则必须使用防爆电气产品。

2．正确安装电气设备，防止电气火灾发生

1）合理选择安装位置，对于爆炸危险场所，应该考虑把电气设备安装在爆炸危险场所以外或爆炸危险性较小的部位。

开关、插座、熔断器、电热器具、电焊设备和电动机等应根据需要，尽量避开易燃物或易燃建筑构件。起重机滑触线下方，不应堆放易燃品。露天变、配电装置，不应设置在易于沉积可燃性粉尘或纤维的地方等。

2）保持必要的防火距离，对于在正常工作时能够产生电弧或电火花的电气设备，应使用灭弧材料将其全部隔围起来，或将其与可能被引燃的物料，用耐火材料隔开或与可能引起火灾的物料之间保持足够的距离，以便安全灭弧。

3）安装和使用有局部热聚焦或热集中的电气设备，在局部热聚焦或热集中的方向，与易燃物料必须保持足够的距离，以防引燃。

4）电气设备周围的防护屏障材料，必须能承受电气设备产生的高温（包括故障情况下）。应根据具体情况选择不可燃、阻燃材料或在可燃性材料表面喷涂防火涂料。

3．保证电气设备的正常运行，防止电气火灾发生

1）正确使用电气设备，是保证电气设备正常运行的前提。因此应按设备使用说明书的规定操作电气设备，严格执行操作规程。

2）保持电气设备的电压、电流、温升等不超过允许值。保持各导电部分连接可靠，接地良好。

3）保持电气设备的绝缘良好，保持电气设备的清洁，保持良好通风。

1.2.3　电气火灾的扑救

1．迅速报警

一旦发生火灾要迅速报警，无电话的地方，要采取紧急措施直接向公安机关或消防部门报告，有电话的迅速拨“119”报警。报警时要注意说清楚地点和单位；要报出自己的电话号码，以便消防队随时查询情况，报警后要留人，并立即派人到路口迎候消防车；尽可能讲清楚是什么东西着火和着火的范围等。

2．正确选择使用灭火器

在扑救尚未确定断电的电气火灾时，应选择适当的灭火器和灭火装置，否则，有可能造成触电事故和更大危害。常用灭火器的实物图和结构如图 1-4 所示。

a）常用灭火器实物图

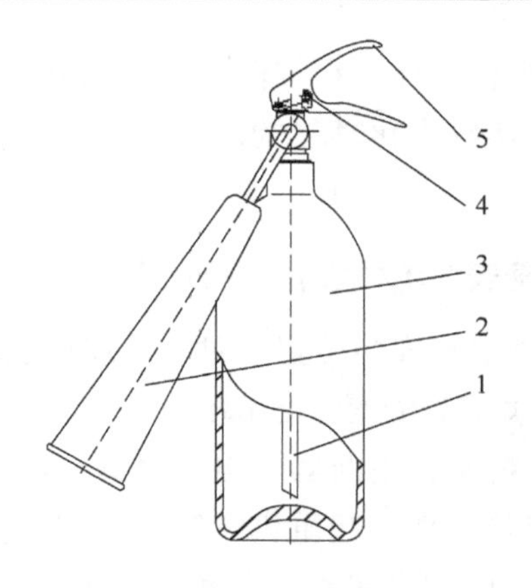

b）灭火器结构图

图 1-4　灭火器

1—吸管　2—喷筒　3—钢瓶　4—保险装置　5—压把

灭火器其主要性能、使用方法及保管见表 1-7。

表 1-7　常用电气灭火器的主要性能、使用方法及保管

种　类	二氧化碳	干粉	1211	泡沫
规　格	< 2kg 2～4kg 5～7kg	8kg 50kg	1kg 2kg 3kg	10L 65～130L
药　剂	液态 二氧化碳	钾盐、钠盐	二氟一氯 一溴甲烷	碳酸氢钠 硫酸铝
导电性	无	无	无	有
灭火范围	电气设备、仪器、油类、酸类	电气设备、石油、油漆、天然气	油类、电气设备、化工、化纤原料	油类及可燃物体
不能扑救的物质	钾、钠、镁、铝等	旋转电机火灾	—	忌水和带电物体
使用距离	距着火点 3m 距离	8kg 喷 14～18s，4.5m 内 50kg 喷 50～55s，6～8m	1kg 喷 6～8s， 2～3m 内	10L 喷 60s，8m 内 65L 喷 170s，13.5m 内
使用方法	先除掉手柄部位的铅封，拔掉保险销，然后一手拿住喷筒对准火焰，一手紧握压柄，气体即可喷出	先拔出拉环保险销。将灭火器喷口对准火焰根部，按下压把，灭火器喷出粉雾状灭火剂	先拔掉保险销，喷嘴对准火焰根部，然后握紧压把开关，压杆就使密封间开启，灭火剂喷出	一只手紧握提环，另一只手扶住筒体的底圈，把灭火器颠倒过来呈垂直状态，灭火剂喷出
保养和检查	置于方便处，注意防冻、防晒和使用期限	置于干燥通风处，注意防潮、防晒	置于干燥处，勿摔碰	置于方便处
	每月测量一次，低于原重量 1/10 时应充气	每年检查一次干粉是否结块，每半年检查一次压力	每年检查一次重量	每年检查一次，泡沫发生倍数低于 4 倍时应换药剂

3．正确使用喷雾水枪

带电灭火时使用喷雾水枪比较安全，原因是这种水枪通过水柱的泄漏电流较小。用喷雾水枪灭电气火灾时水枪喷嘴与带电体的距离可参考以下数据：

1）10kV 及以下时不小于 0.7m。

2）35kV 及以下时不小于 1m。

3）110kV 及以下时不小于 3m。

4）220kV 时不应小于 5m。

注意，带电灭火必须有人监护。

1.3　安全用电措施

安全用电措施是为了确保用电设备的安全和使用人员的人身安全而采取的措施，是安全用电的一项主要内容。

1.3.1　防范措施

1．合理选用安全电压和供电电压

我国的安全电压的额定值为 36V、24V 和 12V。如手提照明灯、危险环境的携带式电动工具，应采用 36V 安全电压；金属容器内、隧道内、矿井内等工作场合，狭窄、行动不便及周围有大面积接地导体的环境，应采用 24V 或 12V 安全电压，以防止因触电而造成的人身伤害。

2．合理选用导线截面

在合理地选用供电电压之后，还必须合理选用导线截面。家庭照明配电电路，其导线截面一般选 1.5mm^2、2.5mm^2 和 4mm^2，材质主要为铜导线或铝导线。铜导线以每平方毫米允许通过的电流为 6A 左右考虑，铝导线则为 4A 左右考虑。表 1-8 是常用铜、铝导线的截面与安全载流量对照表。

表 1-8　常用铜、铝导线的截面与安全载流量对照表

导线截面/mm^2	铜导线的安全载流量/A	铝导线的安全载流量/A
1.5	10	7
2.5	15	10
4	25	17
6	36	25

3. 合理选用开关

选用开关时，不仅要考虑开关的额定电压、额定电流，还要根据开关的开断频率、负载功率和操纵距离等条件进行选用。此外，相线接入开关是重要的安全用电措施，如图 1-5 所示。

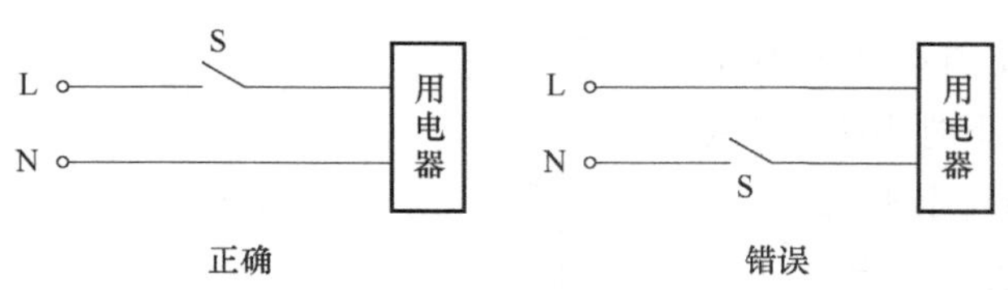

图 1-5 相线接入开关

4. 重视安全用电并培养良好的用电习惯

电能的应用十分广泛，对每个人电工技术的要求也越来越高，如果安装、使用不当，就会发生这样或那样的事故，为此，应提高安全用电的重视程度，培养良好的工作习惯，如图 1-6 所示。

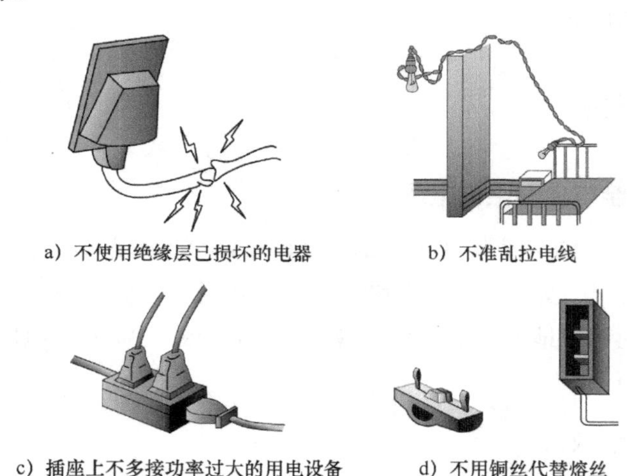

图 1-6 安全用电措施

1）尽量避免带电操作，不使用不合格的电气设备。

2）注意线路维护，电线避免过负荷使用，破旧老化的电线应及时更换，不乱拉电线及乱装插座等。

3）对有小孩的家庭，所有明线和插座都要安装在小孩够不着的部位。

4）不要在插座上装接过多和功率过大的用电设备，不可用铜丝代替熔丝等。

1.3.2 接地和接零

对电气设备进行接地是保证人身和设备安全的重要措施。电气上的“地”是指电位等于零的地方，即图 1-7 所示的距接地体（点）20m 以外地方的电位，该处的电位已降至零。

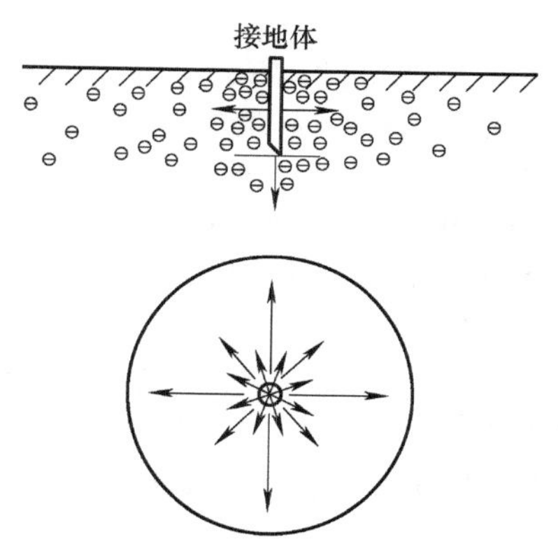

图 1-7　接地电流的电位分布示意图

表 1-9 列出了几种常见的接地方式。

表 1-9　几种常见的接地方式

接　地	说　明	图　示
工作接地	电力系统由于运行和安全的需要，采用中性点接地的方式：当一相出现接地故障时，由于接近单相短路，接地电流较大，保护装置动作迅速，这时会立即切断故障设备	
保护接地	把电气设备的金属外壳用电阻很小的导线和埋在地里的接地装置可靠连接的方式：电气设备采用保护接地后，即使带电导体因绝缘损坏且碰壳，人体触及带电的外壳时，由于人体相当于与接地电阻并联，而人体电阻远大于接地电阻，因此通过人体的电流就微乎其微，保证了人身的安全	碰壳 i R_0
保护接零	把电气设备的金属外壳用导线单独与电源中线相连的方式：保护接零适用于电压低于 1kV 且电源中性点接地的三相四线制供电线路。保护接零后，一旦电气设备的某相绝缘损坏且碰壳时，就会造成该相短路，这时就会立即把熔丝熔断或使其他保护装置动作，从而自动切断电源，避免触电事故的发生	380V/220V电源 工作接地 保护接零 单相三眼插座 保护接零 R_0

（续）

接　地	说　明	图　示
重复接地	采用保护接零电网中，中性线必须按规定重复接地，以免在中性线断线情况下，电气设备接零外壳可能发生的带电危险。如果无重复接地，当零线发生意外断线时，断线后面任一设备均会因绝缘损坏而使外壳带电，这一电压通过中性线引到所有接零设备的外壳，操作人员接触任一设备的外壳，都会存在危险	工作接地　重复接地　保护接零　重复接地

保护接地和保护接零是维护人身安全的两种技术措施，其区别在于以下几方面。

1．保护原理不同

低压系统保护接地的基本原理是限制漏电设备对地电压，使其不超过某一安全范围；高压系统的保护接地，除限制对地电压外，在某些情况下，还有促成系统中保护装置动作的作用。保护接零的主要作用是借接零线路使设备形成单相短路，促使线路上保护装置迅速动作。

2．适用范围不同

保护接地适用于一般的低压不接地电网及采取其他安全措施的低压接地电网；保护接地也能用于高压不接地电网。不接地电网不必采用保护接零。

3．线路结构不同

保护接地系统除相线外，只有保护地线。保护接零系统除相线外，必须有零线；保护零线要与工作零线必须分开。

在保护接零工作方式下，家用电器等单相负载的外壳，用接零导线接到电源线三脚插头中间的长而粗的插脚上，使用时通过插座与保护零线单独相连，如图 1-8 所示。

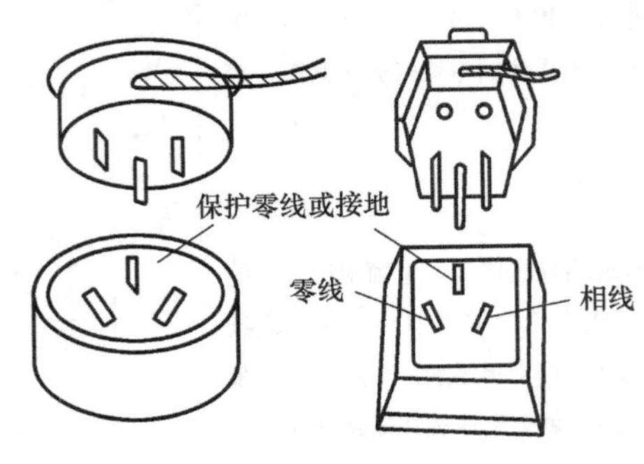

图 1-8　保护接零示意图

绝不允许把用电器的外壳直接与电器的工作零线相连，这样不仅不能起到保护作用，还可能引起触电事故，图 1-9 所示的是几种错误的接零方法。

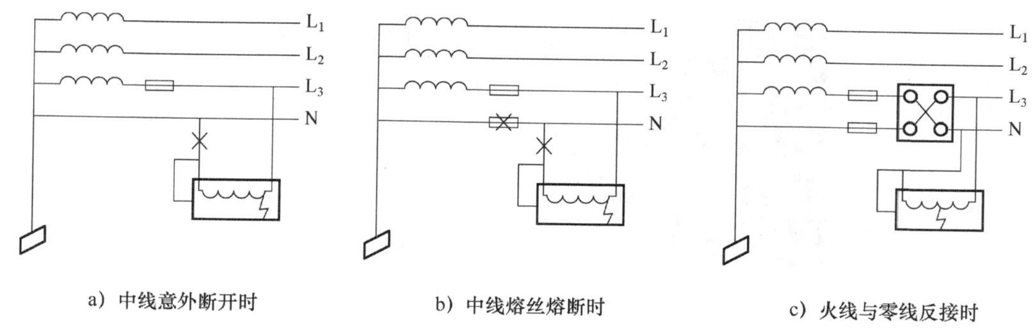

a）中线意外断开时　　b）中线熔丝熔断时　　c）火线与零线反接时

图 1-9　单相用电器错误的保护接零的方式

1.4　实训——灭火器的使用

在日常生活中，手提式干粉灭火器是使用最多的灭火器，它用于对易燃物品、可燃气体等产生的火灾进行扑救，还可以对家电发生的火灾进行扑救。下面介绍如何使用手提式干粉灭火器。使用方法分四步，具体如下。

一提：提起握把，上下晃动，让干粉松动，如图 1-10 所示。

二拔：拔掉安全销，拔掉金属销，如图 1-11 所示。

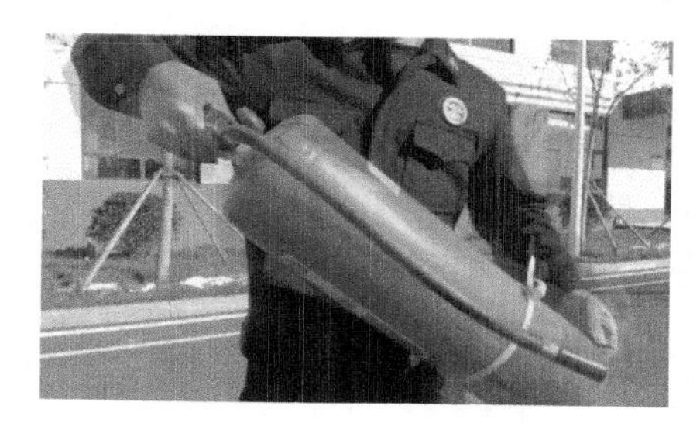

图 1-10　上下晃动

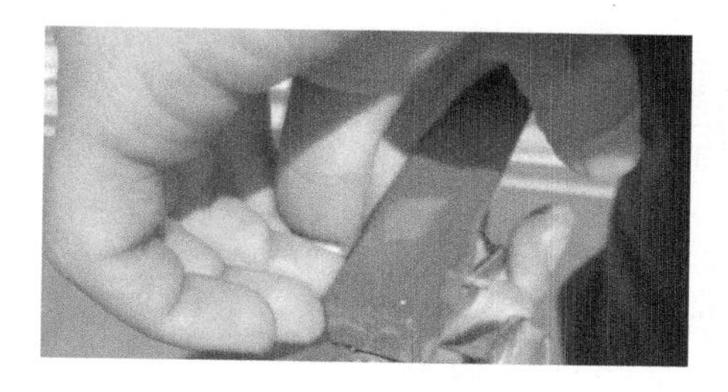

图 1-11　拔掉金属销

三瞄：一手握住喷管顶端，另一手握住握把，站在距起火点 3～5m 的上风口处，瞄准起火点，如图 1-12 所示。

图 1-12　瞄准起火点

四压：压下握把，对着起火点根部喷射，进行扑救，如图 1-13 所示。

图 1-13　压下握把

第 2 章　电工工具

电工工具在电气设备安装、维护和修理工作中起着重要的作用，正确使用电工工具既能提高工作效率，又能减小劳动强度以及保障作业安全。本章将介绍常见的电工工具以及其使用方法。

2.1　电工工具简介

电工工具是电气操作的基本工具，在电气操作过程中，电工人员应熟悉和掌握电工工具的结构、性能、使用方法和操作规范。

2.1.1　常用电工工具

常用电工工具是指电工人员经常应用的工具装备。电工工具包是电工人员随身携带的工具套包，一般包括验电笔、螺钉旋具、电工刀、各种钳子等常用电工工具，便于安装和维修用电线路和电气设备，如图 2-1 所示。下面具体介绍几种常用电工工具。

图 2-1　电工工具包

1. 验电笔

验电笔的介绍与使用方法见表 2-1。

表 2-1 验电笔的介绍与使用

介绍与使用	说明	图示
验电笔介绍	验电笔是检验导线和电气设备是否带电的一种电工工具，分低压验电笔和高压验电笔两种 常用的是低压验电笔，其检测电压范围为 60～500V	
正确使用	使用验电笔时，必须用手触及验电笔尾部的金属螺钉，并使氖管小窗背光且朝向自己，以便观测氖管的亮暗程度，防止因光线太强造成误判断	正确握法 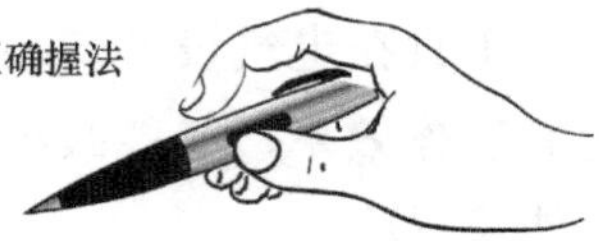 正确握法 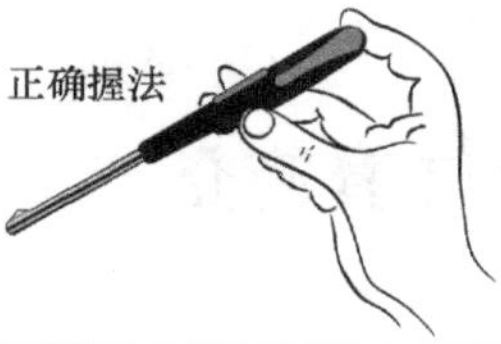
错误使用	如果手没有接触到验电笔尾部的金属螺钉，验电笔中的氖泡就不会发光	错误握法 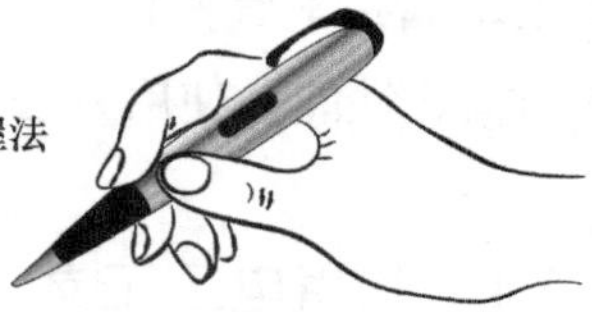 错误握法 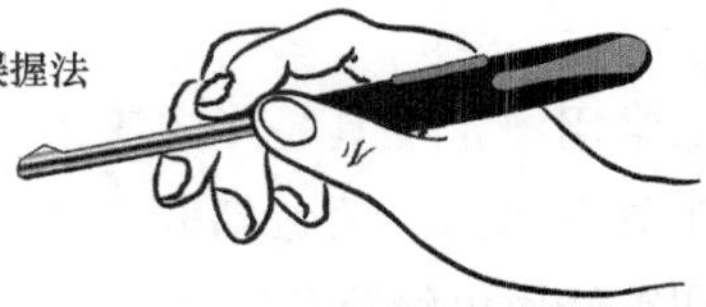

2. 钢丝钳

钢丝钳的介绍与使用方法见表 2-2。

表 2-2 钢丝钳的介绍与使用

介绍与使用	说明	图示
钢丝钳的介绍	钢丝钳又称老虎钳，是电工应用最频繁的工具，钢丝钳由钳头和钳柄两部分组成。钳头包括钳口、齿口、刀口和铡口四部分	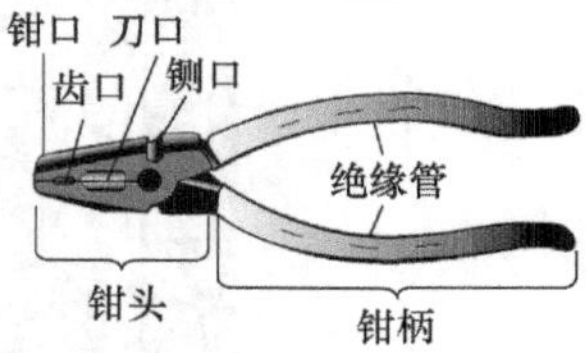 钳口 刀口 齿口 铡口 绝缘管 钳头 钳柄
多种用途	钳口可用来钳夹和弯绞导线	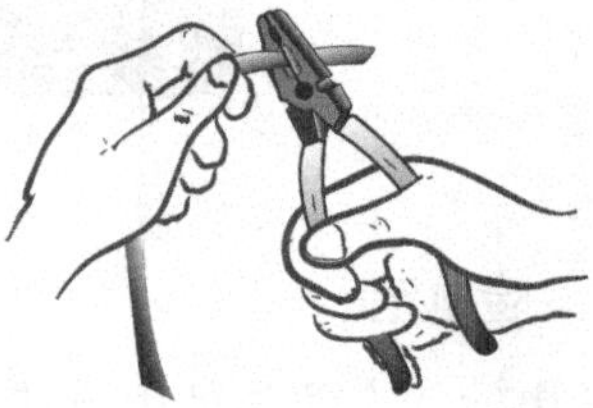

（续）

介绍与使用	说 明	图 示
多种用途	齿口可代替扳手来拧小型号螺母	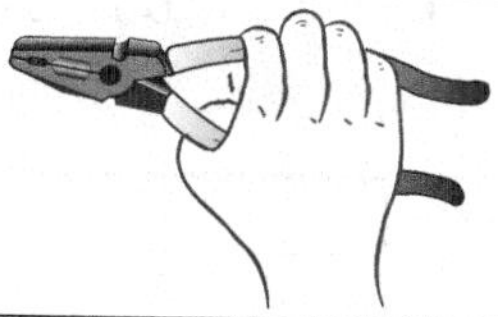
	刀口可用来剪切电线、掀拔铁钉	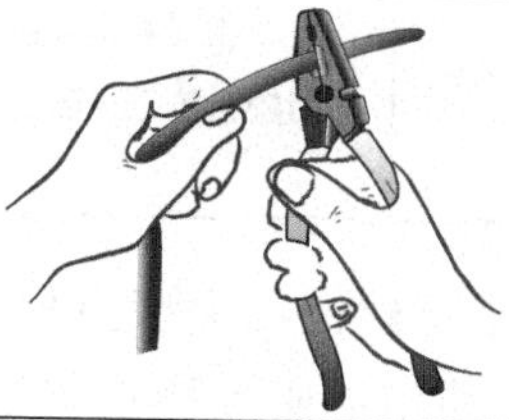
	铡口可用来铡切钢丝等硬金属丝	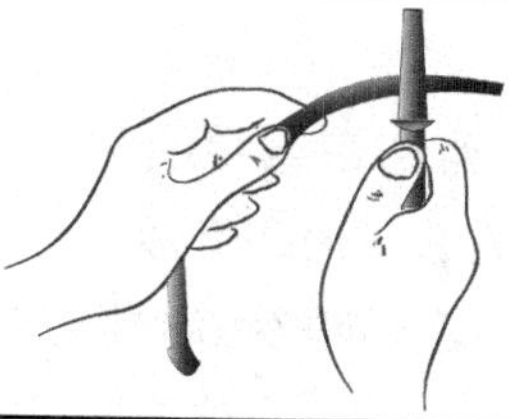

3. 尖嘴钳

尖嘴钳的介绍与使用方法见表 2-3。

表 2-3 尖嘴钳的介绍与使用

介绍与使用	说 明	图 示
尖嘴钳介绍	尖嘴钳的头部尖细，适合在狭小的空间操作	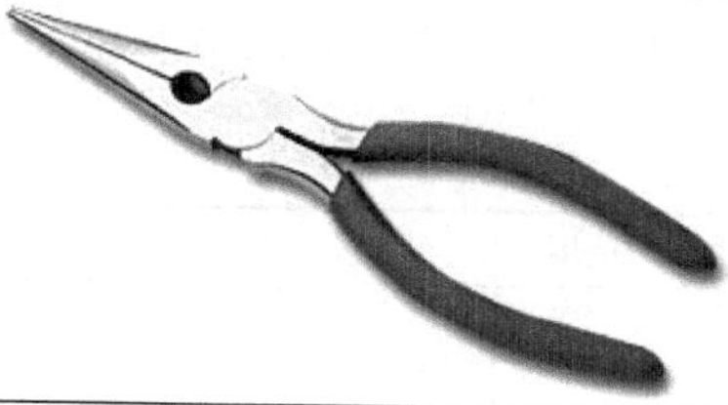
尖嘴钳的使用	尖嘴钳一般有平握和竖握两种握法 钳头用于夹持较小螺钉、垫圈、导线等，还可用于把导线端头弯曲成所需形状 刀口用于剪断细小的导线、金属丝等	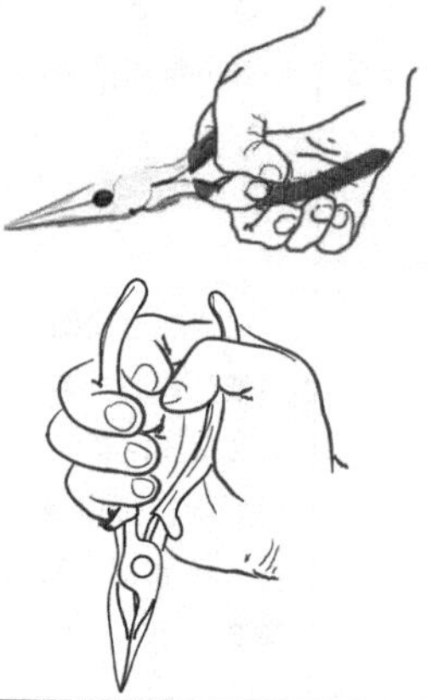

4. 斜口钳

斜口钳的介绍与使用方法见表 2-4。

表 2-4 斜口钳的介绍与使用

介绍与使用	说　明	图　示
斜口钳的介绍	斜口钳又称断线钳，其头部扁斜。斜口钳专门用来剪断较粗的金属丝、线材及电线电缆等	

使用钢丝钳、尖嘴钳和斜口钳时的注意事项有以下几点：

1）使用前必须检查其绝缘柄，确定绝缘状况良好，否则不得带电操作，以免发生触电事故。

2）剪切带电导线时，必须单根进行，不能用刀口同时剪切相线和零线或者两根相线，以免造成短路事故。

3）使用钢丝钳时要刀口朝向内侧，便于控制剪切部位，剪线时线头应朝下，以免线头剪断时，伤及身体或眼睛。

4）不能用钳头代替手锤作为敲打工具，以免变形；不可用来剪较粗或较硬的物体，以免伤及刀口。

5）钳头的轴应经常加机油润滑，保证其开闭灵活。

5. 电工刀

电工刀的介绍与使用方法见表 2-5 所示。

表 2-5 电工刀的介绍与使用

介绍与使用	说　明	图　示
电工刀的介绍	电工刀是用来剖削和切割电工器材的常用工具，如剖削电线的绝缘皮等，它由刀片、刀刃、刀把、刀挂等构成	刀片 刀刃 刀把 刀挂
使用方法、注意事项	在剖削电线绝缘层时，可把刀略微向内倾斜，用刀刃抵住线芯，刀口向外推出。这样既不易削伤线芯，又防止操作者受伤。不用时，把刀片收缩到刀把内 严禁在带电体上使用没有绝缘柄的电工刀进行操作。不要把刀刃垂直对着导线切割绝缘，以免削伤线芯	

6. 剥线钳

剥线钳的介绍与使用方法见表 2-6。

表 2-6　剥线钳的介绍与使用

介绍与使用	说　明	图　示
剥线钳的介绍	剥线钳由钳口和手柄两部分组成 剥线钳用来剥削直径 3mm 及以下绝缘导线的塑料或橡胶绝缘层，钳口有 0.5～3mm 的多个直径切口，用于不同规格线芯的剥削	钳口 手柄
使用方法	使用时根据电线的粗细型号，选择相应的剥线切口，切口过大难以剥离绝缘层，切口过小则会切断芯线 将准备好的电线放在剥线钳的刀刃中间，选择好要剥线的长度 握住剥线工具手柄，将电线夹住，缓缓用力使电线外表皮慢慢剥落	

7. 螺钉旋具

螺钉旋具的介绍与使用方法见表 2-7。

表 2-7　螺钉旋具的介绍与使用

介绍与使用	说　明	图　示
螺钉旋具的介绍	螺钉旋具俗称螺丝刀、改锥，用来紧固或拆卸螺钉。它的种类很多，按照头部的形状的不同，可分为一字形和十字形两种 一字形螺钉旋具用来紧固或拆卸带一字槽的螺钉 十字形螺钉旋具用来紧固或拆卸带十字槽的螺钉	一字形 十字形

（续）

介绍与使用	说　明	图　示
使用方法、注意事项	使用螺钉旋具时将螺钉旋具的端头对准螺丝的头部凹槽，先固定，然后开始旋转手柄，通常顺时针方向旋转为嵌紧；逆时针方向旋转则为松出 应根据螺钉旋具头部的槽宽和槽形选用适当的螺钉旋具，严禁用小螺钉旋具拧大螺钉，或用大螺钉旋具拧小螺钉	用力方向 用力方向

8．扳手

扳手的介绍与使用方法见表 2-8。

表 2-8　扳手的介绍与使用

介绍与使用	说　明	图　示
扳手的介绍	扳手是用于螺纹连接的一种手动工具，其种类和规格很多。有活络扳手和其他常用扳手	呆扳唇 蜗轮 扳口 活络扳唇 轴销 手柄
使用方法、注意事项	扳动大螺母时，需用力矩较大，手应握在靠近手柄尾处 扳动小螺母时，需用力矩不大，但螺母过小，易打滑，因此手应握在接近头部处，并且可随时调节蜗轮，收紧活络扳唇，防止打滑 活络扳手的扳口夹持螺母时，呆扳唇在上，活络扳唇在下。切不可反过来使用	扳动大螺母 扳动小螺母

2.1.2　常用线路装修工具

线路装修工具是指电力内外线装修时所需要的工具。

1．手锤

手锤的介绍与使用方法见表 2-9。

表 2-9　手锤的介绍与使用

介绍与使用	说　明	图　示
手锤的介绍	手锤俗称铁锤。可用手锤敲击来校直、凿削和装卸零件等。手锤由锤头和木柄两部分组成	木柄 锤头
使用方法、注意事项	使用手锤时，一般为右手握锤，常用的方法有紧握锤和松握锤两种 使用应根据加工的需要选择适合的手锤 应时常检查锤头是否有松脱现象	紧握锤是指从挥锤到击锤的全过程中，全部手指一直紧握锤柄。 松握锤是指在挥锤开始时，全部手指紧握锤柄，随着锤的上举，逐渐依次地将小指、无名指和中指放松，而在锤击的瞬间，迅速将放松了的手指又全部握紧，并加快手腕、肘以至臂的动作。松握锤可以加强锤击力量，而且不易疲劳

2．钢凿

钢凿的介绍与使用方法见表 2-10。

表 2-10　钢凿的介绍与使用

介绍与使用	说　明	图　示
钢凿的介绍	钢凿是一种凿孔、切削工具，钢凿一般和手锤配合使用来钻墙孔或对金属工件进行切削加工等	

（续）

介绍与使用	说　明	图　示
使用方法、注意事项	使用钢凿在凿孔或切削过程中，应该保持钢凿的位置固定不变 挥动手锤的方向要与凿的中心线保持一致	

2.2　数字万用表

2.2.1　数字万用表的介绍与使用

万用表又称多用表，是一种用于测量多种参数的多量程、便携式电子测量仪表。一般的万用表以测量电阻，交、直流电流，交、直流电压为主。有的万用表还可以用来测量频率、电容量、电感量和晶体管的放大倍数等。

万用表的种类很多，按其读数方式可分为指针式万用表和数字万用表两类，如图 2-2 所示。

a）指针式万用表

b）数字万用表

图 2-2　万用表

数字万用表采用了大规模集成电路和液晶数字显示技术，从根本上改变了传统的指针式万用表的电路和结构。与指针式万用表相比较，数字万用表具有许多特有的性能和优点，如显示方式清晰直观，具有高准确度、高分辨力、高输入阻抗、测量速率快、自动判别极性、自动调零、过载能力强等。

下面以数字万用表 DT830 为例，简单介绍数字万用表的使用方法，见表 2-11。

表 2-11　数字万用表的介绍与使用

介绍与使用	说　明	图　示
数字万用表的介绍	数字万用表的面板包括液晶显示屏、电源开关、量程选择开关、表笔插孔等 若被测电压或电流的极性为负，则显示值前将带“–”号。若输入超量程时，显示屏左端出现“1”或“–1”的提示字样，应将量程调高 当量程选择开关置于“OFF”位置时，万用表处在关状态。测量完毕，应将其置于“OFF”位置，以免空耗电池	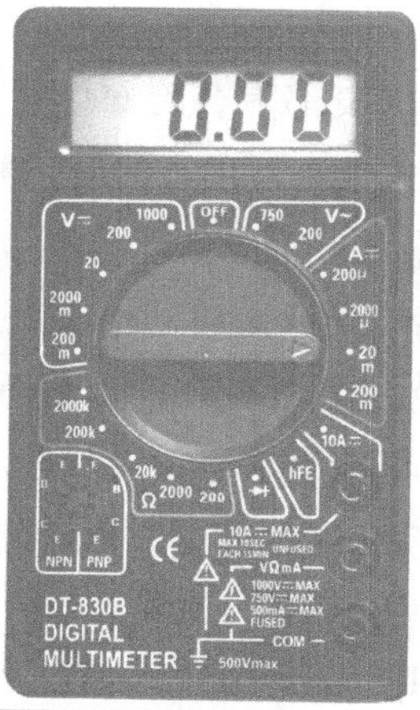
数字万用表的使用方法	测量交流电压	红表笔插入“VΩ”孔，黑表笔插入“COM”孔 旋转量程开关至交流电压档位 选择合适量程 200V 或 750V
	测量直流电压	红表笔插入“VΩ”孔，黑表笔插入“COM”孔 旋转量程开关至直流电压档位 选择合适量程
	测量交流电流	红表笔插入“mA”孔（大于 200mA 时应接“10A”），黑表笔插入“COM”孔 旋转量程开关至交流电流档位 选择合适位置（20μA、2000μA、20mA、200mA 或 10A），将两表笔串接于被测电路
	测量电阻	红表笔插入“VΩ”孔，黑表笔插入“COM”孔 旋转量程开关至 Ω 档位 选择合适位置（200、2k、200k、2M、20M），将两笔表跨接在被测电阻两端（不得带电测量！）
	测试二极管	红表笔插入“mA”孔（大于 200mA 时应接“10A”），黑表笔插入“COM”孔 旋转量程开关至→|— 正向情况下，显示屏即显示出二极管的正向导通电压，单位为 mV（锗管 200～300mV，硅管 500～800mV）；若显示“000”，则表明二极管短路，若显示“1”，则表明断路 反向情况下，显示屏应显示“1”，表明二极管不导通，否则，表明此二极管反向漏电流大
	测量晶体管	旋转量程选择开关至“hFE”位置 将被测晶体管依 NPN 型或 PNP 型将 B、C、E 极插入相应的插孔中 显示屏所显示的数值即为被测晶体管的“hFE”参数

2.2.2 数字万用表的维护

数字万用表都附有用户使用手册，对使用方法有比较详细的说明。这里对较常用的中低档袖珍式数字万用表的维护和使用要点做进一步的说明。

1）测量之前应先估计一下被测量的大小范围，尽可能选用接近满度的量程。

2）数字万用表相邻档位之间距离很小，容易造成跳档位或拨错档位。所以拨动量程旋钮时要慢，用力要轻，以确保真正到位。尽管数字万用表有比较完善的各种保护功能，使用中仍应力求避免误操作。

3）严禁在测量的同时拨动量程开关，特别是在高电压和大电流的情况下，以防产生电弧烧坏量程开关。

4）当出现电池电压过低告警指示时，应及时更换电池，以免影响测量准确度。

5）仪表应保持清洁干燥，避免接触腐蚀性物质和受到猛烈撞击。不宜在日光及高温、高湿环境下使用与存放（工作温度为0～40℃，湿度为80%）。

6）使用时应轻拿轻放，每次测量结束应及时关断电源。

第3章　导　　线

导线也称电线，是将电能输送到电气设备上必不可少的导电材料。导线分裸线、电磁线和绝缘线。裸线没有绝缘层，主要用于户外架空、室内汇流排和开关箱，如型线、母线、铜排、铝排等。电磁线是通电后产生磁场或在磁场中感应产生电流的绝缘导线，主要用于电动机和变压器绕圈以及其他有关电磁设备。绝缘线主要由导电线芯、绝缘层和保护层组成，绝缘层一般用橡胶、塑料等，这类绝缘电线广泛用于交流电压 500V 以下和直流电压 1000V 以下的各种仪器仪表、动力线路及照明线路。熟练掌握导线的连接是电工的基本操作技能。

3.1　导线的分类

导线的分类多种多样，常用导线的分类如表 3-1 所示。

表 3-1　常用导线的分类

分类依据	类　别	说　明
制造材料	铜导线	电阻率小，导电性能较好
	铝导线	电阻率比铜导线稍大些，但价格低，应用广泛
导线股数	单股导线	一般截面积在 $6mm^2$ 及以下为单股线
	多股导线	截面积在 $10mm^2$ 及以上为多股线。多股线是由几股或几十股线芯绞合在一起形成的，常见的有 7 股、19 股和 37 股等
软硬程度	软线	软线是由多股细铜丝组成的，手感较软且不易折断线芯，一般用于制作跳线、控制线路，以及需要导线跟随运动的场合（比如常见的配电箱、柜门等）。对于多股铜线，一般需要压接或焊接线鼻子
	硬线	硬线由一根铜丝组成，手感较硬，容易弯折成形，一般用作工程中的水平/垂直固定敷设和布线，如穿管线路等，在线路接头、设备接线方面使用硬线更方便
有无绝缘层	裸导线	一般用于架空线
	绝缘导线	常用绝缘导线在导线线芯外面包有绝缘材料，如橡胶、塑料、棉纱、玻璃丝等

3.2　导线的剖削

绝缘导线主要由导线芯、绝缘层和保护层组成。在导线连接前，必须把导线端部的绝缘层剥去。剥削方法有单层剥法、分段剥法和斜削法，见表 3-2。

表 3-2　导线的剥削方法

分　类	图　示	说　明
单层剥法		单层剥法适用于塑料线
分段剥法		分段剥法适用于绝缘层较多的导线，如橡皮线、护套线等
斜削法		对于绝缘层较厚的导线，一般采用斜削法，就是像削铅笔一样进行剥削

注意：进行绝缘层剥削时，不可割伤线芯，否则会降低导线的机械强度，还会因导线截面积减小而增加电阻。

剥去绝缘层的长度，根据接头方法和导线截面不同而有所不同，具体如下所述。

3.2.1　塑料硬线绝缘层的剖削

1．细塑料硬线绝缘层的剖削

对于线芯截面在 $2.5mm^2$ 及以下的塑料硬线，使用剥线钳去除线头的绝缘层最方便，这里只讲述钢丝钳和电工刀的使用，见表 3-3。

表 3-3　细塑料硬线绝缘层的剖削

步　骤	图　示	说　明
第一步		左手捏紧线头
第二步	所需长度	在线头所需长度交界处，用钢丝钳口轻轻切破绝缘层表皮
第三步		左手拉紧导线，右手适当用力捏住钢丝钳头部，两手同时向外用力，勒去绝缘层

注意：在勒去绝缘层时，不可在钳口处加剪切力，这样会伤及线芯，甚至将导线剪断。

2．粗塑料硬线的剖削

对于规格大于 4mm^2 的塑料硬线的绝缘层，直接用钢丝钳剖削比较困难，可用电工刀剖削，见表 3-4。

表 3-4 粗塑料硬线的剖削

步骤	图示	说明
第一步		注意握刀姿势，根据所需的线头长度，用电工刀的刀口以45°角切入导线塑料绝缘层
第二步		调整刀口与导线间的角度，以 20°左右角向前推进，将绝缘层削出一个缺口
第三步		将未削去的绝缘层向后反折，再用电工刀在根部切齐

注意：掌握刀口刚好削透绝缘层而不伤及线芯。

3．导线中间部位绝缘层的剖削

在导线中间部位绝缘层的剖削，只能用电工刀进行操作，见表 3-5。

表 3-5 硬塑料导线中间部位绝缘层剖削方法

步骤	图示	说明
第一步		刀口以 45°角切入导线塑料绝缘层，不可切入线芯
第二步		电工刀向前端推削，削出一个缺口，向上翻折绝缘层，并切去上面的绝缘层
第三步		用电工刀刀尖挑开未削的绝缘层，并切断
第四步		同样翻折绝缘层，并齐根切去

注意，塑料软线绝缘层的剖削除用剥线钳外，也可用钢丝钳按直接剖剥 2.5mm^2 及以

下的塑料硬线的方法进行，但不能用电工刀剖剥。因塑料线太软，线芯又由多股铜丝组成，用电工刀很容易伤及线芯。

3.2.2 塑料护套线绝缘层的剖削

塑料护套线绝缘层分为外层的公共护套层和内部每根线芯的绝缘层，见表 3-6。

表 3-6 塑料护套线绝缘层的剖削

步 骤	图 示	说 明
第一步	所需长度界线	公共护套层一般用电工刀剖削，先按线头所需长度，将刀尖对准两股线芯的中间缝隙，划开护套层
第二步		向后扳翻剥开的护套层
第三步		用电工刀齐根切去翻开的护套层。切去护套后，露出的每根线芯绝缘层可用钢丝钳或电工刀按照剖削塑料硬线绝缘层的方法分别除去

注意：钢丝钳或电工刀在切时，切口应距护套层 5～10mm。

3.2.3 橡胶软套线绝缘层的剖削

橡胶软套线又称橡皮软线，一般用于电源引线，受外界的拉力较大，所以橡胶护套层内除了线芯外，还加入了 2～5 根加强麻线以增加强度。橡胶软套绝缘层的剖削，见表 3-7。

表 3-7 橡胶软套绝缘层的剖削

步 骤	说 明	图 示
第一步		用电工刀从橡皮软线端头任意两线芯缝隙中割破部分橡皮护套层
第二步		把已分开的护套层向外分拉，撕开护套层；当撕拉难以分开护套层时，可用电工刀补割，直到所需长度为止

（续）

步 骤	说 明	图 示
第三步	护套层 芯线 加强麻线	在根部分别切断扳翻的护套层
第四步	麻线扣结方法	橡胶护套层内部的加强麻线不应在切口根部被剪去，而应扣结加固。扣结后的麻线余端应固定在插头内的防拉压板中，以使麻线承受外界拉力，从而保护导线端头不遭破坏

3.2.4 花线绝缘层的剖削

花线绝缘层有内外两层，外层是一层柔韧的棉纱编织层，内层是橡皮绝缘层。线芯由多根铜丝制成，比较柔软，使用方便。花线绝缘层的剖削见表3-8。

表3-8 花线绝缘层的剖削

步 骤	图 示	说 明
第一步		用电工刀从端头处切割编织的棉纱15mm以上
第二步		把松散的棉纱分组并捻成线状，然后向后推缩至线头连接所需长度。将推缩的棉纱线进行扣结，紧扎住橡皮绝缘层
第三步	错开 连接所需长度	在距离棉纱纺织层 10mm 左右处，用钢丝钳按照剖削塑料软线的方法将内层的橡皮绝缘层削去

注意：不能损伤线芯。

3.3 导线的连接

对导线连接的基本要求是连接可靠、强度足够、接头美观、耐腐蚀。

1）连接可靠。接触紧密，不得增加接触电阻；接头处的绝缘强度不低于导线原有的绝缘强度。

2）强度足够。接头处的机械强度不应小于原有导线机械强度的 80%。

3）接头美观。接头整体规范、美观。

4）耐腐蚀。对于连接的接头要防止电化腐蚀。对于铜与铝导线的连接，应采用铜铝过渡措施（如用铜铝接头）。

导线线头连接的方式有很多种，下面介绍几种常用的连接。

3.3.1 单股导线的连接

1. 单股导线之间的直线连接

单股导线之间的直线连接见表 3-9。

表 3-9 单股导线之间的直线连接

步骤	图示	说明
第一步	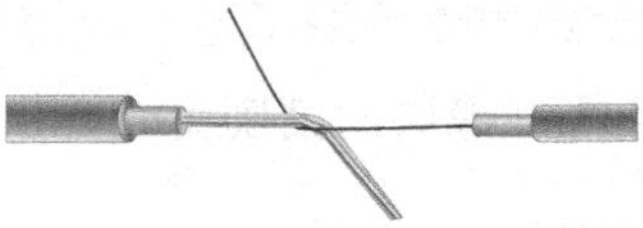	将剖削好的两根裸露线线芯头做 X 形交叉
第二步	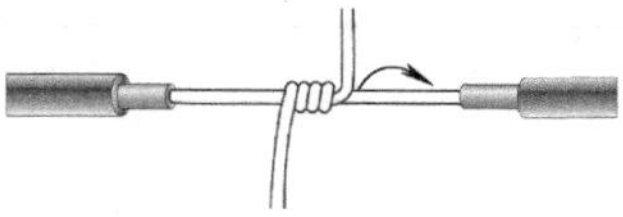	互相绞绕 2～3 圈
第三步	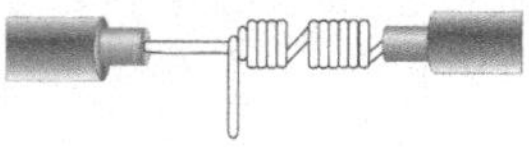	扳直两线头，将每根线头在另一根线芯上紧贴并绕 3～5 圈
第四步		用钢丝钳切去多余的线芯头，并钳平线芯的末端和切口毛刺
第五步	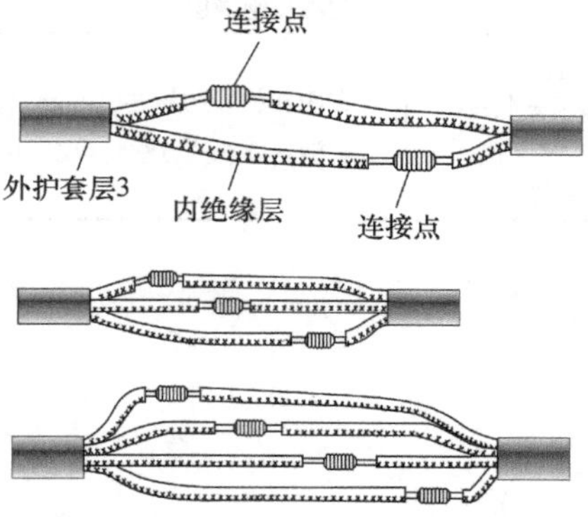 连接点 外护套层3 内绝缘层 连接点	双芯护套线、三芯护套线、多芯电缆在连接时，应注意尽可能将各线芯的连接点互相错开位置，可以更好地防止线间短路或漏电

2. 单股导线之间的 T 形连接

单股导线之间的 T 形连接见表 3-10。

表3-10 单股导线之间的T形连接

步骤	图示	说明
第一步	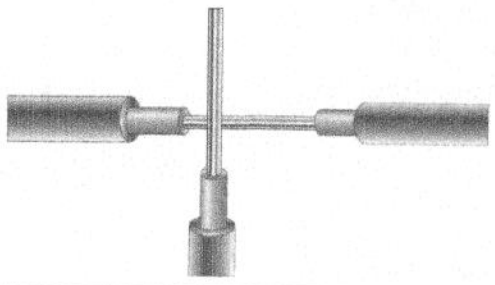	把去除绝缘层的支路线芯的线头与干线线芯十字相交，在支路线芯根部留出3～5mm裸线
第二步	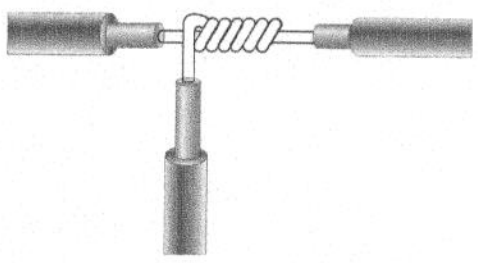	将支路线芯按顺时针方向紧贴干线线芯密绕6～8圈，然后用钢丝钳切去余下线芯，并钳平线芯末端和切口毛刺
第三步	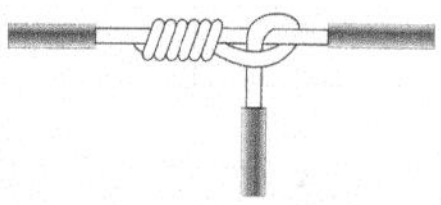	如果单股导线截面较大，支线线芯在十字相交后，从右端绕下，平绕到左端，从里向外，由下往上，紧密并缠4～6圈，并钳平线芯末端和切口毛刺

3. 单股铜导线与多股导线的T形连接

单股铜导线与多股导线的T形连接见表3-11。

表3-11 单股铜导线与多股导线的T形连接

步骤	图示	说明
第一步	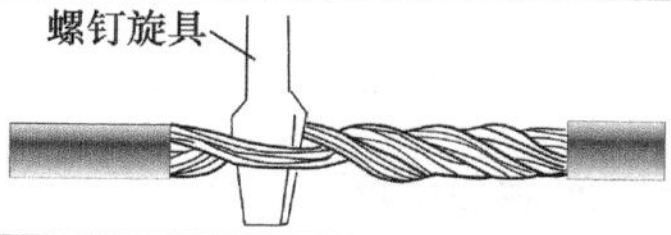 螺钉旋具	在距多股导线的左端绝缘层切口3～5mm处的线芯上，用螺钉旋具把多股线芯平均分成两组
第二步	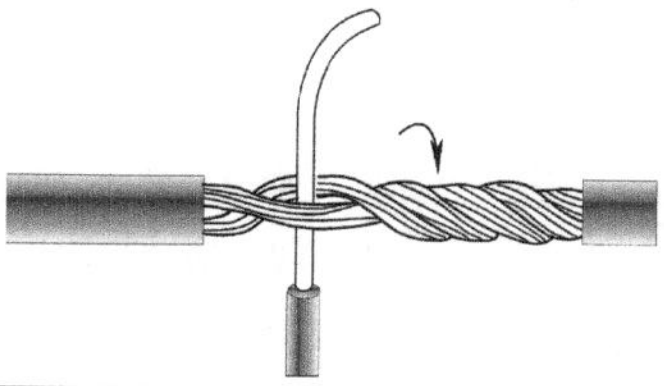	勒直线芯，把单股线芯插入多股线芯的两组线芯中间，但不可到底，应使绝缘层切口距多股线芯5mm左右；用钢丝钳把多股线芯的插缝钳平钳紧
第三步	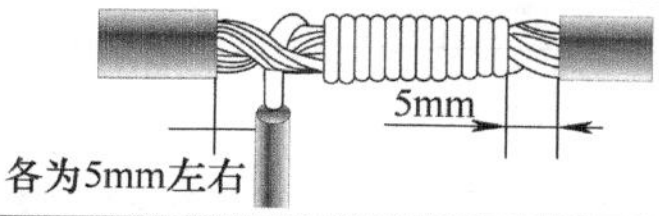 5mm 各为5mm左右	将单股线芯按顺时针方向紧绕在多股线芯上，要使绕线圈紧密排列，绕足10圈，钳断余端，并整理切口毛刺

4. 同一方向的导线的连接

当需要连接的导线来自同一方向时，可以采用表3-12中的方法。

表3-12 同一方向的导线的连接

步骤	图示	说明
第一步	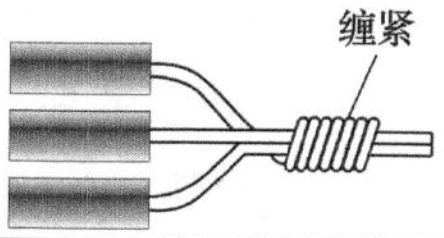 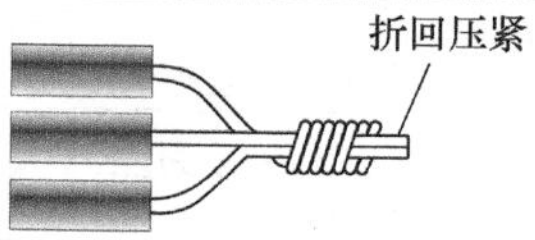 缠紧 折回压紧	对于单股导线，可将一根导线的线芯紧密缠绕在其他导线的线芯上，再将其他线芯的线头折回压紧

（续）

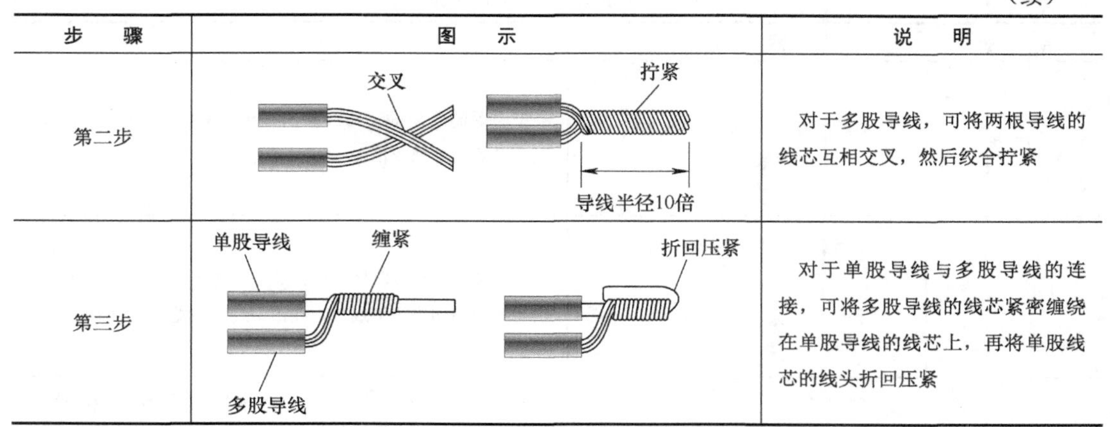

步　骤	图　示	说　明
第二步	交叉　拧紧　导线半径10倍	对于多股导线，可将两根导线的线芯互相交叉，然后绞合拧紧
第三步	单股导线　缠紧　折回压紧　多股导线	对于单股导线与多股导线的连接，可将多股导线的线芯紧密缠绕在单股导线的线芯上，再将单股线芯的线头折回压紧

注意：上述接线后，可以给线头做焊锡处理，即在线头外面再焊裹一层锡。这样可以降低电线发热和线头出现氧化。

3.3.2　多股导线的连接

1. 多股导线之间的直线连接

下面以 7 股线芯为例讲述多股导线之间的直接连接方法，见表 3-13。

表 3-13　7 股导线之间的直线连接

步　骤	图　示	说　明
第一步	$\frac{1}{3}l$　l	将剥掉绝缘层的两根线头分别散开并拉直，在靠近绝缘层的 1/3 线芯处把线芯绞紧，把余下的 2/3 线头分散成伞状
第二步		把 2 个分散成伞状的线头隔根对叉
第三步		再平整导线对叉的线头
第四步		把一端的 7 股线芯按 2、2、3 股，分成 3 组，把第 1 组的 2 股线芯扳起，垂直于线头
第五步		按顺时针方向紧密缠绕 2 圈

（续）

步　骤	图　示	说　明
第六步	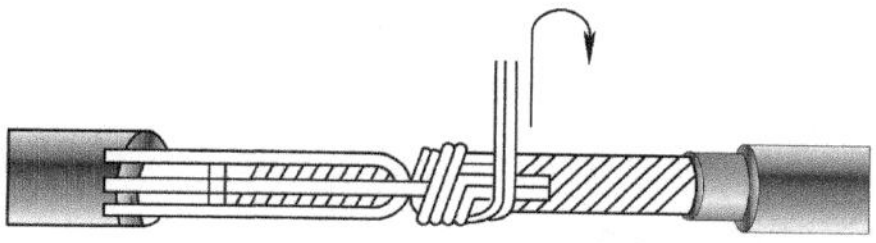	将余下的线芯向右与线芯平行方向扳平。将第 2 组 2 股线芯扳成与线芯垂直方向，按顺时针方向紧压着前 2 股扳平的线芯缠绕 2 圈
第七步	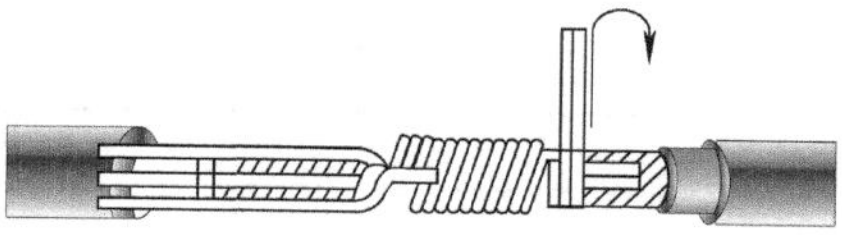	将余下的线芯向右与线芯平行方向扳平；将第 3 组的 3 股线芯扳成与线头垂直方向，然后按顺时针方向紧压前 4 根扳直的线芯向右缠绕
第八步		缠绕 3 圈之后，切去每组多余的线芯，钳平线端。用同样的方法去缠绕另一边线芯

2. 多股线芯的 T 字分支连接

下面以 7 股线芯为例讲述 T 字分支连接的具体方法，见表 3-14。

表 3-14　7 股线芯的 T 字分支连接

步　骤	图　示	说　明
第一步	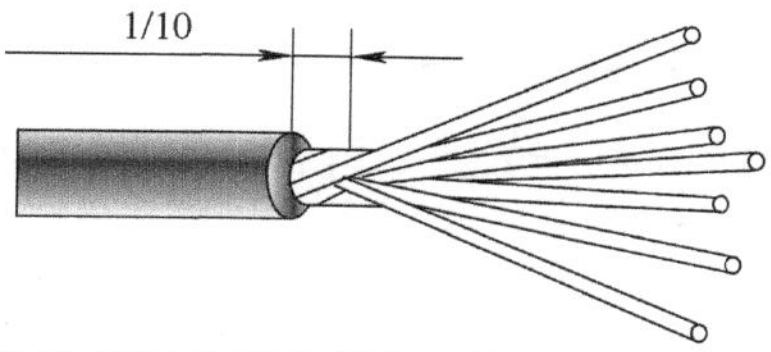 1/10	把去除绝缘层及氧化层的分支线芯散开钳直，在距绝缘层 1/10 线头处将线芯绞紧
第二步	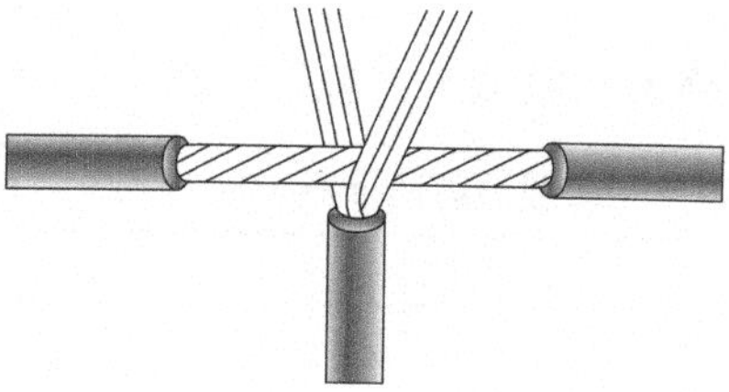	把余下部分的线芯分成 2 组，一组 4 股，另一组 3 股，并排齐，然后用螺钉旋具把已除去绝缘层的干线线芯撬分 2 组，把支路线芯中 4 股的一组插入干线 2 组线芯中间，把支线的 3 股线芯的一组放在干线线芯的前面
第三步	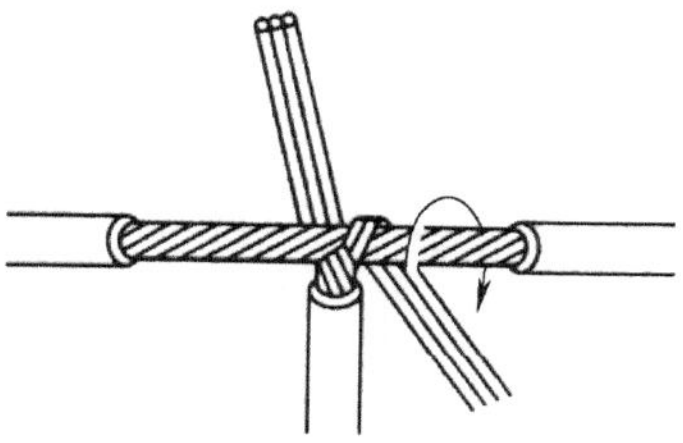	把 3 股线芯的一组往干线一边按顺时针方向紧紧缠绕 3～4 圈，剪去多余线头，钳平线端
第四步	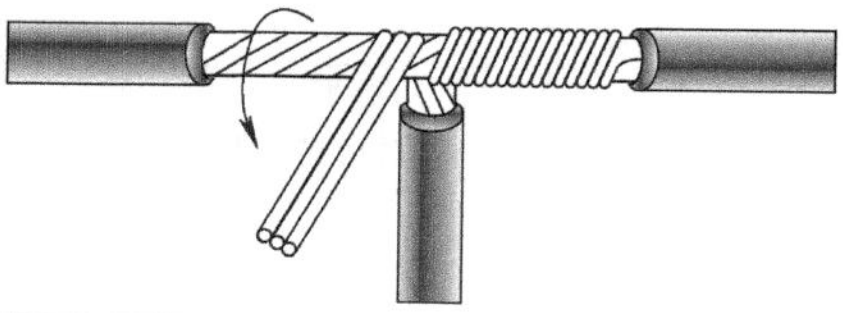	把 4 股线芯的一组按逆时针方向往干线的另一边缠绕 4～5 圈，剪去多余线头，钳平线端

3.3.3 线头与接线桩的连接

1. 线头与针孔式接线桩

线头与针孔式接线桩的具体方法见表 3-15。

表 3-15 线头与针孔式接线桩

步骤	图示	说明
第一步	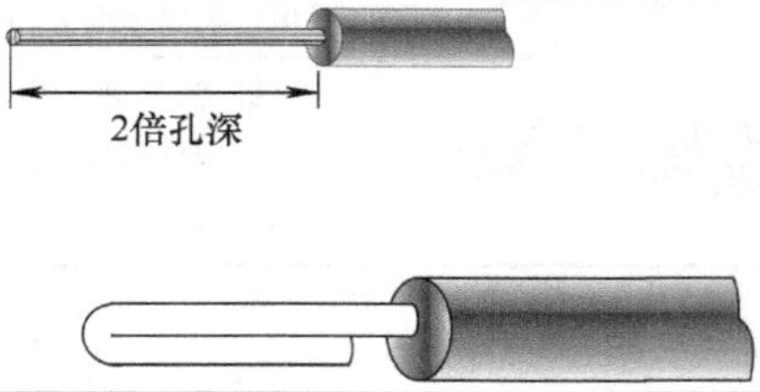 2倍孔深	若单股线线芯径与接线桩插线孔大小适宜，则将线芯插入针孔，拧紧螺钉即可；若单股线芯较细，则要把线芯折成两根
第二步	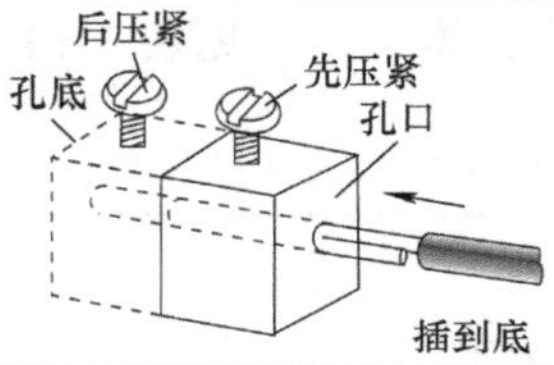 后压紧 孔底 先压紧 孔口 插到底	插入针孔，并且插到底；先压紧孔口，再压紧孔底

注意：若是多根细丝的软线线芯，应先绞紧，再插入针孔，绝不应有细丝露在外面，以免发生短路。

2. 线头与螺钉平压式桩头

单股线芯应把线头弯成压接圈（俗称羊眼圈），见表 3-16。

表 3-16 单股线芯压接圈

步骤	图示	说明
第一步	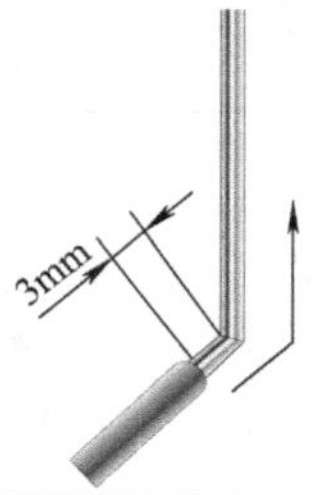 3mm	在绝缘层根部 3mm 处向外侧折角
第二步		按略大于螺钉直径弯曲圆弧，弯曲的方向应与螺钉拧紧的方向一致

（续）

步　骤	图　示	说　明
第三步	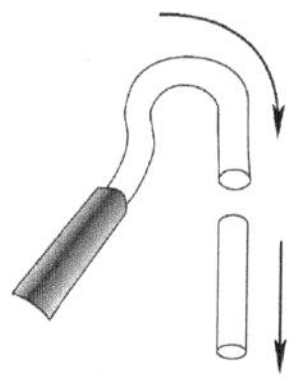	剪掉多余线芯
第四步	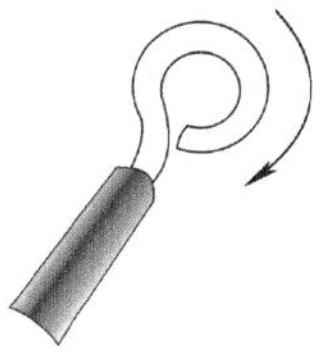	修正圆弧使之成圆圈
第五步	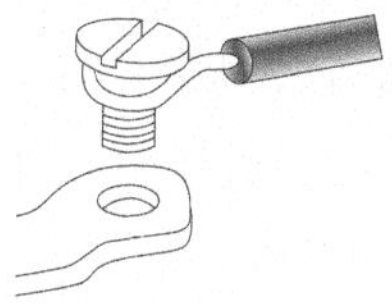	将螺钉装入接线圈
第六步	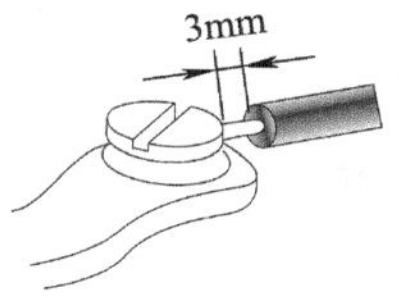 3mm	拧紧螺钉

多股线芯羊眼圈的制作见表3-17。

表3-17　多股线芯羊眼圈的制作

步　骤	图　示	说　明
第一步	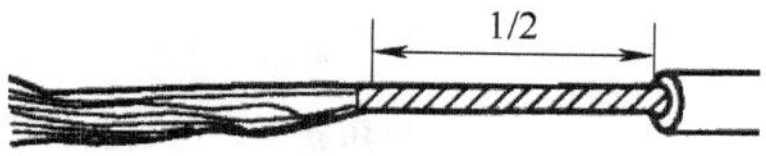 1/2	把距绝缘层根部约1/2处的线芯重新绕紧
第二步		绕紧部分的线芯，在距离绝缘层根部 1/3 处向外弯成弧形
第三步	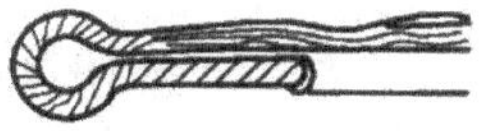	将圆弧弯成圆圈
第四步		把散开的线芯按2、2、3分成三组

（续）

步骤	图示	说明
第五步		按7股线芯直线连接的方法处理
第六步		制作和整理的多股线芯圆圈

3.3.4 铝芯导线的连接

铝表面极易氧化，形成氧化层。施工接头时氧化层虽被刮净，但在短期内又迅速形成新的氧化层。尽管氧化层只有3～5μm厚度，却有较高的电阻，大电流通过时会产生高温，从而可能引燃可燃性物质。此外，高电阻增加了回路阻抗，减小了短路电流，妨碍了过电流保护电器的快速动作，进而增加了起火的风险。

连接铝芯导线时，先将线路连接处表面清除干净，不应残留氧化层、杂质或尘土。连接处应紧密可靠，导电良好，不能松动。连接铝线时，清除表面氧化层后应立即进行连接，对于大截面铝线，应采用压接、熔焊等连接方法，压接法是使用压线钳和压接管来完成的，见表3-18。

表3-18 铝芯导线的压接

步骤	图示	说明
第一步	压模	准备好压线钳
第二步		根据导线型号、线芯规格，选择合适的压接管。用钢丝刷清除铝芯导线表面和压接管内壁的氧化层，涂上一层中性凡士林
第三步	25～30mm	把两根铝芯导线线端相对穿入压接管，并使线端穿出压接管25～30mm
第四步		进行压接时第一道压坑应压在导线线芯端一侧，不可压反
第五步	压坑	压接坑的距离和数量应符合技术要求

注意：铜导线和铝导线之间的连接应采用铜铝过渡接头。

3.4 导线绝缘的恢复

为了进行连接，导线连接处的绝缘层已被去除。导线连接完成后，必须对所有绝缘层已被去除的部位进行绝缘处理，以恢复导线的绝缘性能，恢复后的绝缘等级应不低于导线原有的绝缘要求。

导线连接处的绝缘处理通常采用绝缘胶带进行缠裹包扎。电工常用的绝缘胶带有黄蜡带、涤纶薄膜带、黑胶布带、塑料胶带和橡胶胶带等。最常用的是宽度为 20mm 的绝缘胶带，因其使用较为方便。

3.4.1 一般导线接头的绝缘处理

1. 导线接头处理

对直线连接的导线接头进行绝缘处理，其步骤见表 3-19。

表 3-19 一般导线接头的绝缘处理

步 骤	图 示	说 明
第一步	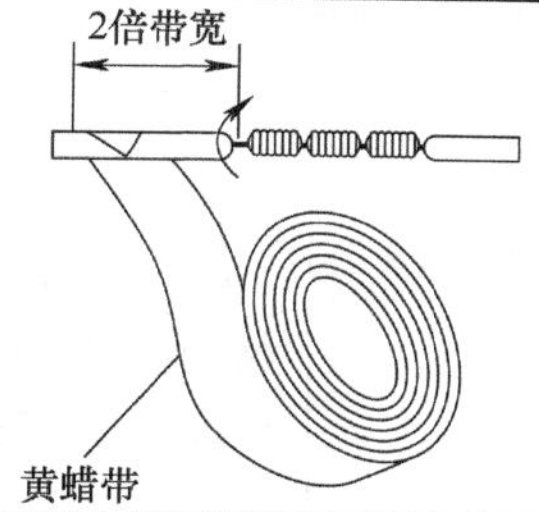 2倍带宽 黄蜡带	从接头左边绝缘完好的绝缘层上开始，用黄蜡带进行包缠，包缠两圈后进入剥除了绝缘层的线芯部分。包缠时黄蜡带应与导线保持 45°左右倾斜角度
第二步	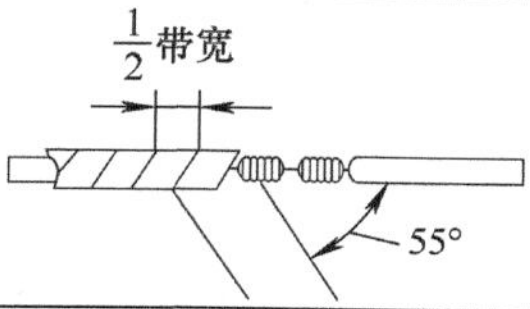 $\frac{1}{2}$带宽 55°	每圈压叠带宽的 1/2，直至包缠到接头右边两圈距离的完好绝缘层处
第三步	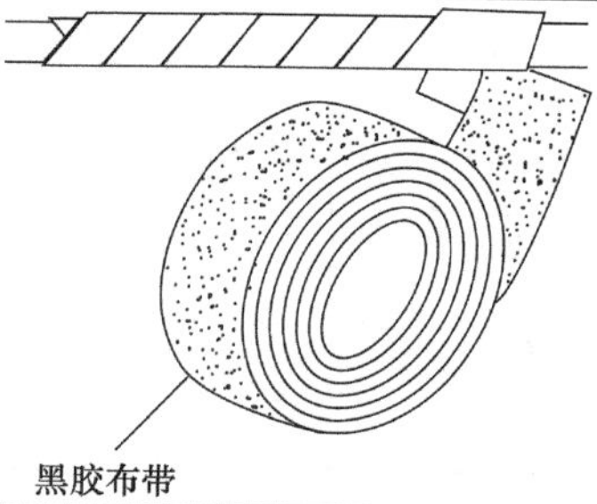 黑胶布带	将黑胶布带接在黄蜡带的尾端，按另一斜叠方向从右向左包扎缠绕

（续）

步骤	图示	说明
第四步	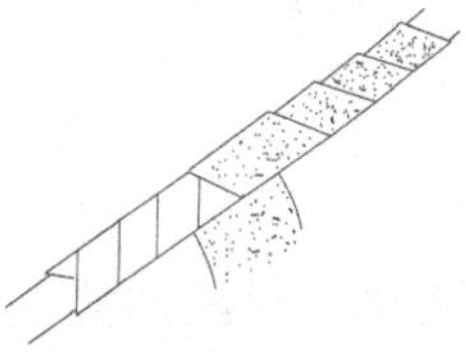	每圈压叠带宽的 1/2，直至将黄蜡带完全包缠住。包缠时，要用力拉紧，使包缠紧密坚实，以免潮气进入

注意：包缠处理过程中应用力拉紧胶带，不可过于稀疏，更不能露出内部的线芯，以确保绝缘质量和用电安全。

在潮湿场所应使用聚氯乙烯绝缘胶带或涤纶绝缘胶带。

在 220V 线路上恢复绝缘层时，可先包一层黄蜡带，再包一层黑布胶带（或不包黄蜡带，只包两层黑布胶带）。

在 380V 线路上的导线恢复绝缘时，必须先包缠 1～2 层黄蜡带，然后再包缠一层黑布胶带。

绝缘带不可存放在温度很高的地方，也不可浸染油类。

2. 导线分支接头的绝缘处理

对导线分支接头的绝缘处理方法基本同上，见表 3-20。

表 3-20 导线分支接头的绝缘处理

分类	图示	说明
T 字分支接头的绝缘处理	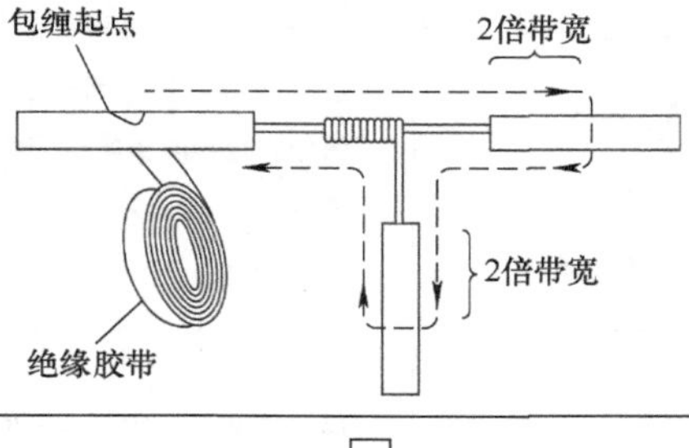 包缠起点 2倍带宽 2倍带宽 绝缘胶带	走一个 T 字形的来回，使每根导线上都包缠两层绝缘胶带，每根导线都应包缠到完好绝缘层的 2 倍胶带宽度处
十字分支接头的绝缘处理	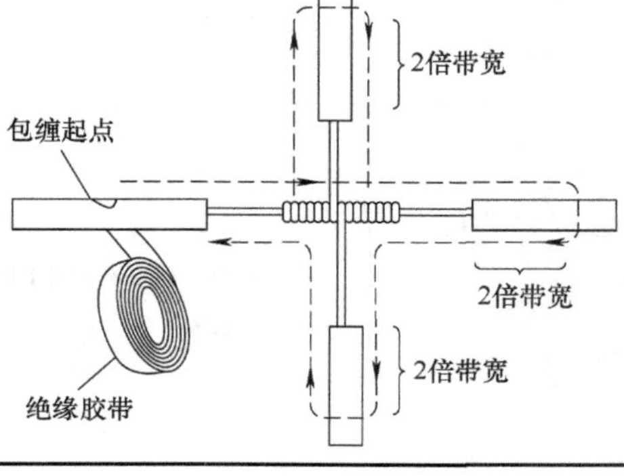 2倍带宽 包缠起点 2倍带宽 2倍带宽 绝缘胶带	走一个十字形的来回，使每根导线上都包缠两层绝缘胶带，每根导线也都应包缠到完好绝缘层的 2 倍胶带宽度处

3.4.2　压线钳和冷压接线端头

在现代的电气照明安装及电器接线工作中，使用专用压线工具来完成导线线头的绝缘恢复已成为快捷的工艺，通常借助于压线钳来完成，如图 3-1 所示。

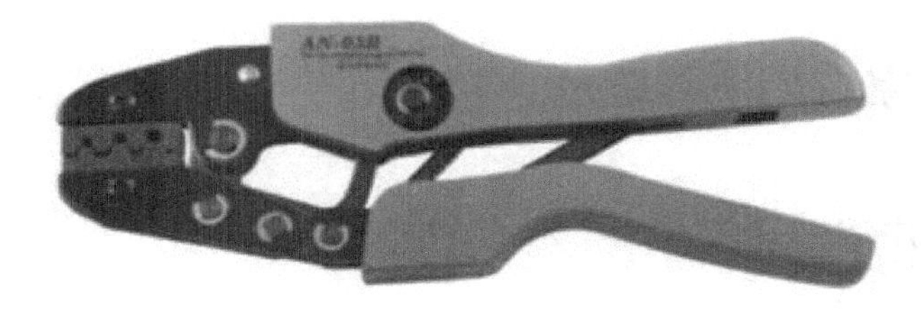

图 3-1　压线钳

冷压接线端头适用于工业，如机床、电器和仪器仪表等家电行业中电力传动控制装置内部接线时使用。常用冷压接线端头的外形如图 3-2 所示。

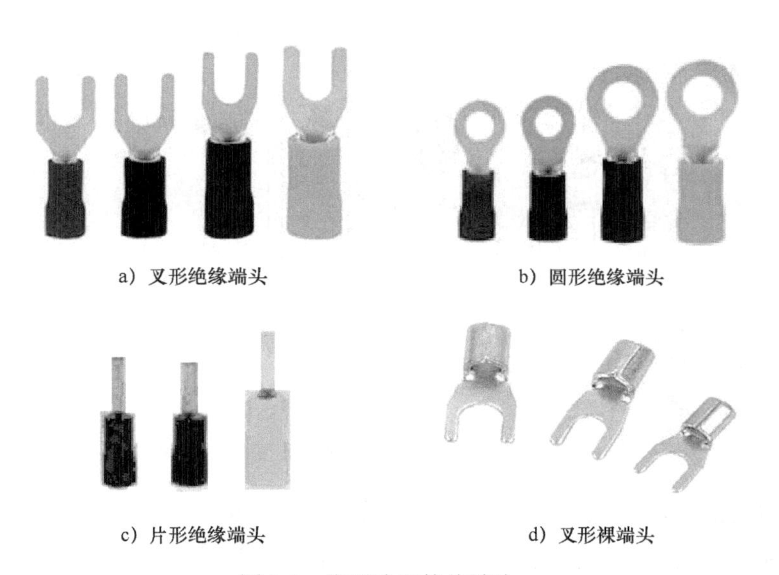

a）叉形绝缘端头　　b）圆形绝缘端头

c）片形绝缘端头　　d）叉形裸端头

图 3-2　常用冷压接线端头

压线钳的使用方法如下：

1）检查冷压端子与导线规格是否配合，然后将导线进行剥线处理，裸线长度与压线部位长度相等。

2）选择合适的模具，将接线端头的开口方向向着压线槽放入。

3）对齐后压紧。

4）将接线端头取出，观察压线的效果，如图 3-3 所示。

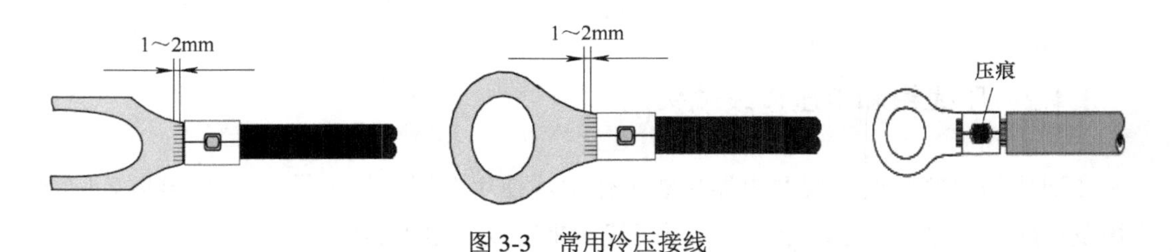

图 3-3　常用冷压接线

3.5　实训——家庭用电线路的连接

3.5.1　家庭用电线路简介

家庭电路一般由进户线（也叫电源线）、电能表、总开关（现一般为空气开关）、漏电保护器、保险设备（熔断器或空气开关等）、用电器、插座、导线、开关等组成（大多为并联，少数情况串联），如图 3-4 所示。

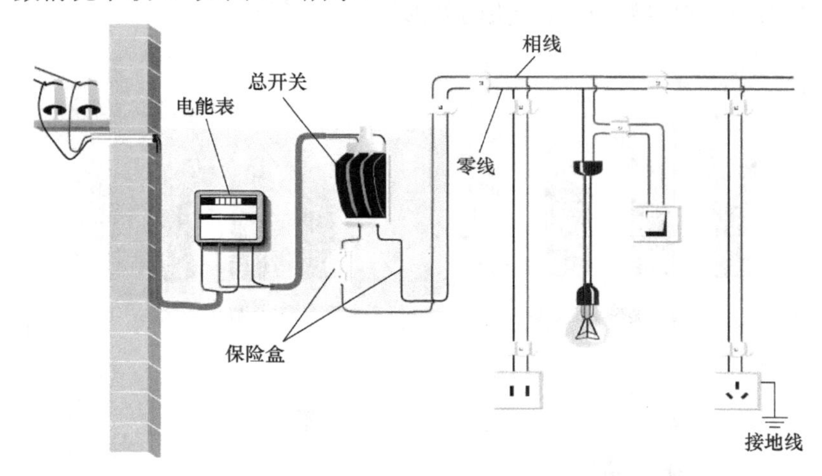

图 3-4　家庭电路布线图

相线一般为红色，零线一般用蓝色或黑色，相线和零线之间有 220V 电压，可用试电笔来判别，能使试电笔的氖管发光的是相线，不能使氖管发光的是零线。

电能表的作用是测量用户在一定时间内消耗的电能，在供电线路连接其他元件之前，应先接入电能表，换言之，电能表要安装在干路上。

总开关在电能表后，熔丝之前；有时用双刀开关同时控制相线和零线，有时用单刀开关只控制相线。

保险设备的作用是控制整个家庭电路的通断，装在干路上。安装闸刀开关时，上端为静触头接输入导线，切不可倒装。

插座的作用是给可移动电器供电，插座应并联在电路中，分为两孔插座和三孔插座。三孔插座的两个孔分别接相线和零线（规范插座左接零线，右接火线），第三个孔是接地的，这样在把三脚插头插入时，把用电器的金属外壳和大地连接起来。

开关的作用是控制所在支路的通断，开关和电器串联，接在相线上，如果将开关接在零线上会导致维修线路时的触电风险。

用电器应接在保险设备之后，且并联接入电路，保证两端的电压均为220V。

电灯接入电路时，灯座两个接线柱一个接零线、一个接相线，控制电灯的开关一定要安装在灯座与相线的连线上，不允许放在用电器和零线之间。螺旋套应与零线连接。

3.5.2 线路的设计

设计一个家庭电路，总容量为6.5kW，采用220V单相电源，有进户配电箱。器件选择如下：

1）总控制开关：型号为DZ47/2P32A，容量为6.5kW。

2）空调控制开关：型号为DZ47/2P15A，配3芯插座，容量为2.5kW。

3）客厅、卧室插座控制开关：型号为DZ267LE/2P16A，配3芯和2芯插座，容量为1kW。（需考虑电视、音响、台式照明等用电器。）

4）卫生间插座控制开关：型号为DZ267LE/2P16A，配3芯和2芯插座，容量为1kW。（需考虑热水器、电吹风、洗衣机等用电器。）

5）厨房插座控制开关：型号为DZ267LE/2P16A，配3芯和2芯插座，容量为1.5kW（需考虑热水器、微波炉、电磁炉、电饭锅等用电器。）

6）照明控制开关：型号为DZ47/1P15A，容量为0.5kW。

电气系统图如图3-5所示。

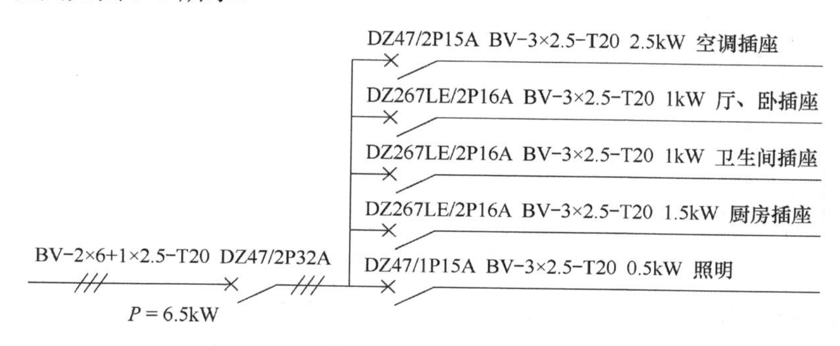

图3-5 电气系统图

3.5.3 安装与调试

1. 规划元件布置

根据网孔板设计元件布置图，如图3-6所示。

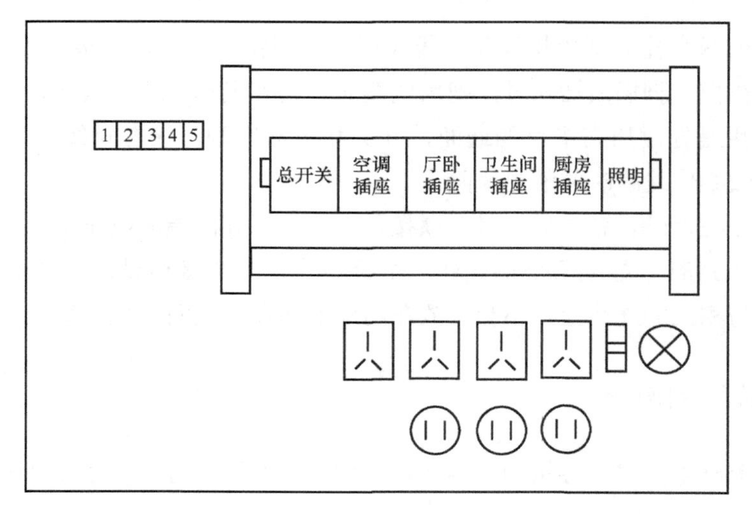

图 3-6 元件布置图

设计接线示意图，如图 3-7 所示。

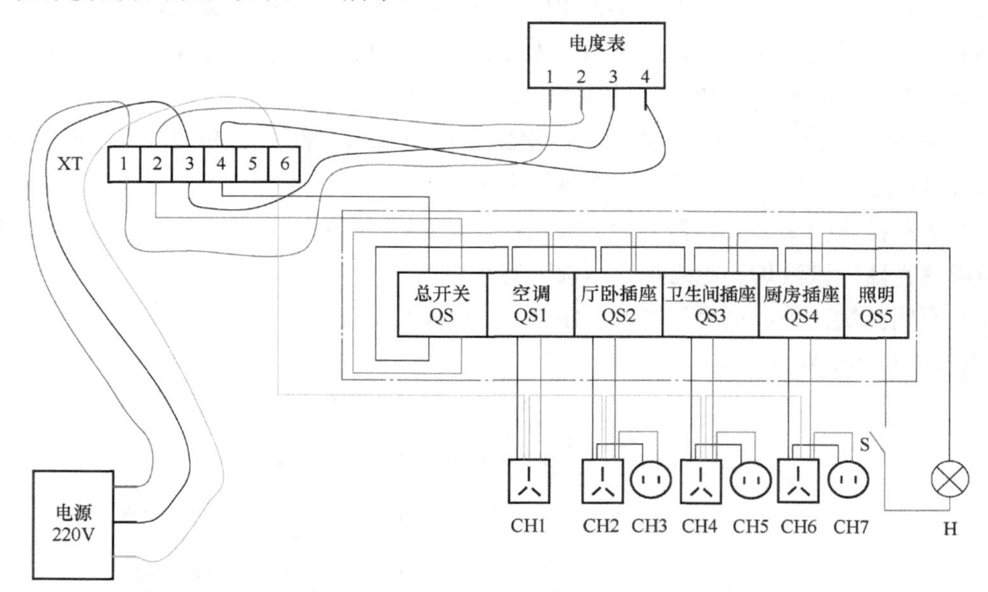

图 3-7 接线图

1）将接线端子和控制开关安装在网孔板上（位置应合适）。

2）在网孔板上测量器件灯开关、灯座和插座的安装位置，完成线路连接后，将器件安装在网孔板上。压线点应注意导线的方向。灯口压线时需注意相线应压在灯口底部螺钉上，灯开关应装在相线上，螺钉不要压得太紧。

3）将电度表的 1、3 号端子接电源（1 号端子相火线，3 号端子接零线），2、4 号端子接在端子排的上方。

4）端子排 2 号和 4 号的下方接总开关的输入端，线路正确接好后，仔细检查一遍。

5）检查确认接线正确后，整理线路，合上电源开关，接通电源，观察运行状态。

2. 摆放器件

在网孔板上摆放器件需考虑器件的尺寸，充分利用空间，位置合理，依次摆放，如图3-8所示。

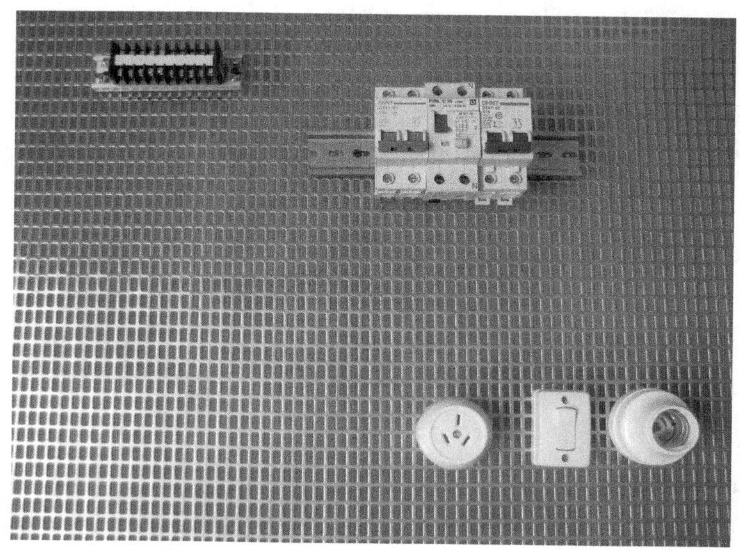

图3-8　摆放器件

使用软线连接，为了安全和美观起见，应利用线槽走线，如图3-9所示。

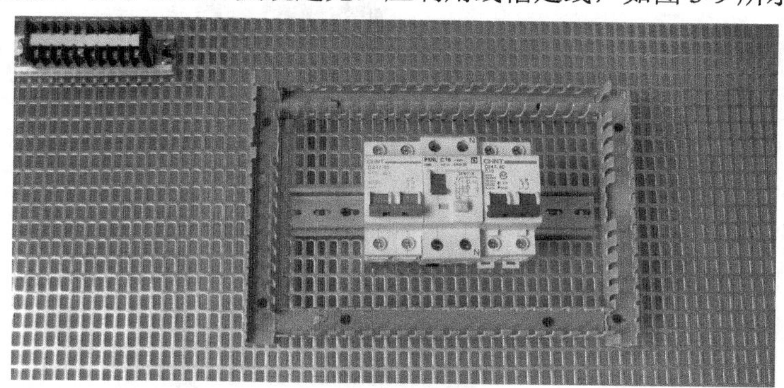

图3-9　安装线槽

3. 连接导线

安装完整后，按照设计连接导线，完成后如图3-10所示。

接线时应注意以下几点：

1）导线应遵循上进下出、左进右出的原则进行布置。

2）线槽外部导线应铺设得横平竖直。

3）相线、零线和地线颜色应分开。

4）接线时以短线为宜，应留出余量。

5）螺钉应压得松紧合适。

图 3-10　连接导线

4. 电源和电度表的接线

将实验台上 220V 电源与电度表、网孔板进行连接，连线如图 3-11 所示。

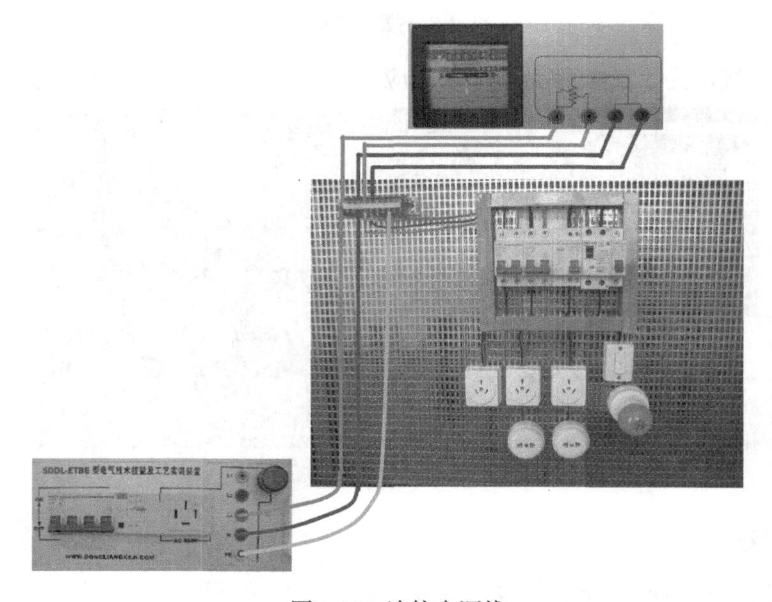

图 3-11　连接电源线

5. 通电实验

合上实验台电源开关，用万用表测量电源电压。按顺序合上控制盒总开关、插座开关、照明开关。合上灯开关。观察电度表转向。

第4章　常用电子元器件

电子元器件是组成电子电路的基本单元，在电路中具有独立的电气功能，其性能和质量对电子产品的品质影响很大，因此对于从事电子产品的设计、管理和生产的人员，必须熟悉和掌握各类电子元器件的性能特点，能够正确使用并利用仪器仪表检测电子元器件和电路的性能指标。

4.1　电阻器

电阻器简称电阻，是耗能元件，也是在电子电路中应用最广泛的元件之一，其主要作用是降压、分压、限流、分流等，可以作为电路的负载，与其他元件结合还可以构成许多具有特定功能的电路。

4.1.1　电阻器的分类和命名

1. 电阻器的分类

电阻器的种类很多，常见的电阻器分类方法如图4-1所示。

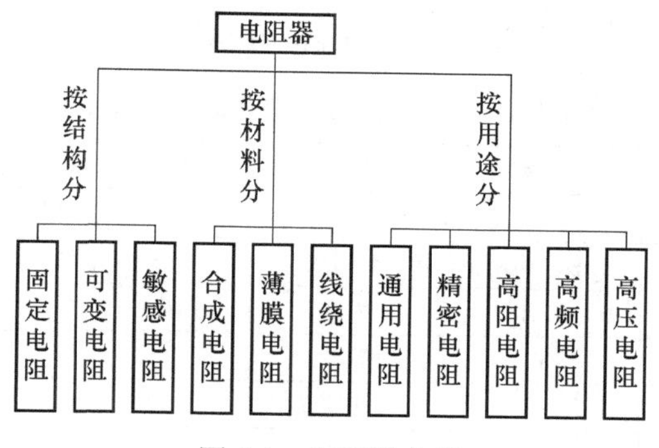

图4-1　电阻器分类

常见电阻器如图4-2所示。

电阻器的文字符号用英文R表示。部分电阻器的图形符号如图4-3所示。

2. 电阻器的命名

常用电阻器的产品型号一般由主称（字母）、材料（字母）、分类（数字或字母）和序号（数字）四部分组成，见表 4-1。

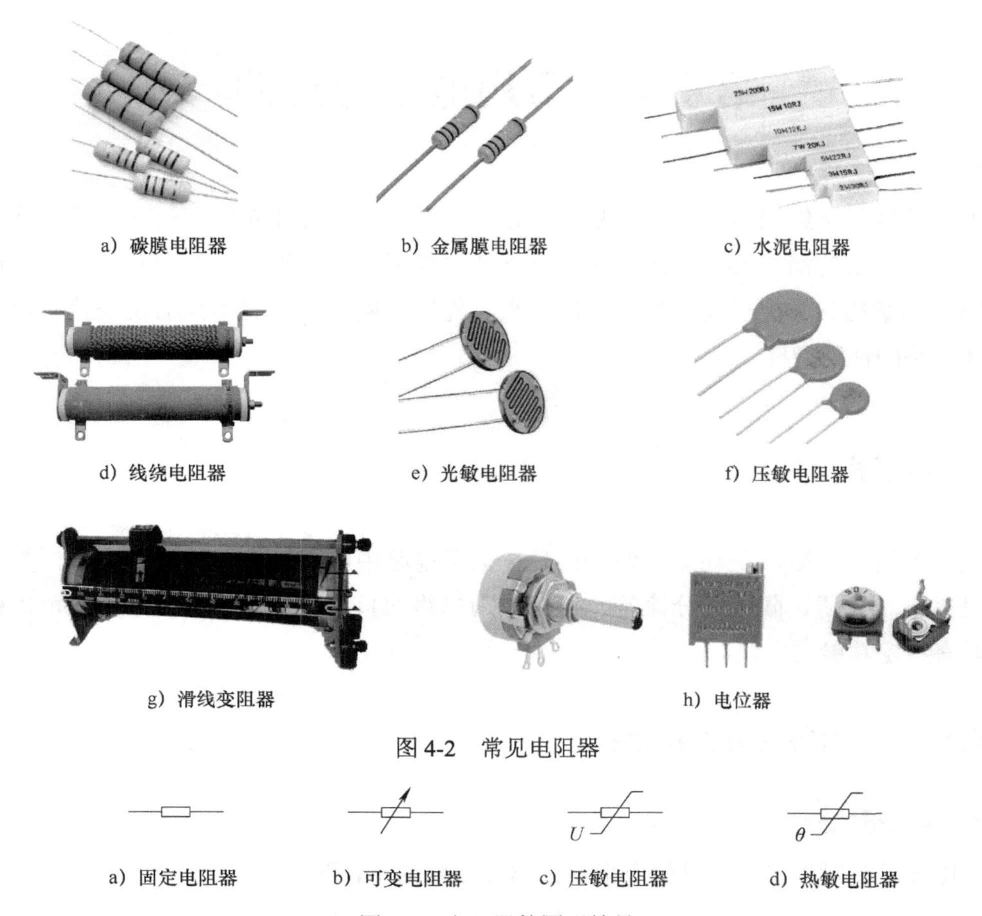

a）碳膜电阻器　b）金属膜电阻器　c）水泥电阻器

d）线绕电阻器　e）光敏电阻器　f）压敏电阻器

g）滑线变阻器　h）电位器

图 4-2　常见电阻器

a）固定电阻器　b）可变电阻器　c）压敏电阻器　d）热敏电阻器

图 4-3　电阻器的图形符号

表 4-1　常用电阻器的型号命名及含义

第一部分　主称		第二部分　材料		第三部分　分类		第四部分　序号
用字母表示		用字母表示		用数字或字母表示		用数字表示
表示电阻的基本属性或名称		表示电阻体所用材料组成		表示电阻所属类型		
符号	含义	符号	含义	符号	含义	区别该电阻器的外形尺寸及性能指标
R	电阻器	T	碳膜	1	普通	
W	电位器	H	合成碳膜	2	普通	
		S	有机实心	3 或 C	超高频	
		J	金属膜	4	高阻	
		N	无机实心	5	高温	
		I	玻璃釉膜	7 或 J	精密	
		X	线绕	8	高压	
		Y	氧化膜	9	特殊（如熔断型等）	

（续）

第一部分　主称		第二部分　材料		第三部分　分类		第四部分　序号
用字母表示		用字母表示		用数字或字母表示		用数字表示
		C	沉积膜	G	高功率	区别该电阻器的外形尺寸及性能指标
				T	可调	
				X	小型	
				L	测量用	
				W	微调	
				D	多圈	

示例：

RT72（精密碳膜电阻器）：R—电阻器；T—碳膜；7—精密；2—序号

WSW1（微调有机实心电位器）：W—电位器；S—有机实心；W—微调；1—序号

3. 一些常用电阻器的介绍

1）金属膜电阻器：工作环境温度范围宽，体积和工作噪声都比较小，阻值精度较高，使用较广泛，但是其脉冲负载能力差。

2）金属氧化膜电阻器：除具有金属膜电阻器的优点外，还有耐高温和低阻性能好的优点，但是氧化膜在直流负载下容易发生电解使氧化物还原，性能不太稳定。

3）碳膜电阻器：阻值稳定性高，受电压和频率影响小，具有负的电阻温度系数，但是其特性不如金属膜电阻器，现在使用不多。

4）线绕电阻器：阻值精度高、耐热抗氧化，功率可达 100W 以上，而其他电阻器功率通常为 5W 以下，主要用于精密和大功率场合，但是其高频性能较差。

5）热敏电阻器：负温度系数的热敏电阻器主要用在收音机和电视机等电路中作为温度补偿用，也可用在温度控制或温度测量电路中。

表 4-2 列出了一些常用电阻器的介绍。

表 4-2　常用电阻器介绍

名　称	简　介	特点及应用
碳膜电阻器（RT）	碳氢化合物在高温和真空中分解，沉积在瓷棒或者瓷管上形成一层结晶碳膜。改变碳膜厚度和长度，可以得到不同的阻值	价格低廉，性能稳定，阻值与功率范围宽。允许误差主要有±2%、±5%
金属膜电阻器（RJ）	在真空中加热合金，使其蒸发并在瓷棒表面形成一层导电金属膜。通过改变金属膜的厚度，可以控制阻值	体积小、噪声低、稳定性好，但成本较高，金属膜电阻色彩亮丽，又可细分为高频、高压、精密等多种类型。允许误差有±0.1%、±0.2%、±0.5%、±1%，多应用在精度要求较高的场合
金属氧化膜电阻器（RY）	在瓷管上镀上一层氧化锡或在绝缘棒上沉积一层金属氧化物而成	由于其本身即氧化物，所以高温下稳定，耐热冲击，负载能力强。适用于不易燃、耐温变、耐湿等场合

（续）

名　　称	简　　介	特点及应用
线绕电阻器（RX）	由电阻线绕成电阻器，用高阻合金线绕在绝缘骨架上制成，外面涂有耐热的釉绝缘层或绝缘漆	具有较低的温度系数，阻值精度高，稳定性好，耐热耐腐蚀，主要作为精密大功率电阻使用；但是分布电感和分布电容较大，高频性能差，时间常数大，制作成本也较高。适用于低频且精度要求高的电路
大功率线绕电阻器（RX）	用康铜或者镍铬合金电阻丝在陶瓷骨架上缠绕而成。这种电阻分固定和可变两种	工作稳定、耐热性能好、误差范围小。适用于大功率的场合，额定功率一般在 1W 以上
熔断电阻器（RF）	又称为熔丝电阻，在正常情况下起电阻和熔丝的双重作用。当电路出现故障而使其功率超过额定功率时，会熔断以保护其他重要元件。	熔丝电阻分为不可修复型和可修复型两种，一般采用的是不可修复型（一次性）熔丝电阻，以低阻值（几欧姆至几十欧姆）、小功率（1/8～1W）为多，常用型号 RF10 型（涂覆型）、RF11 型、RRD0910 型、RRD0911（瓷外壳型）。与价格高、需保护的电路元器件串联使用，常用在电源和二次电源电路内
水泥电阻器（RX）	属于一种熔断电阻器，是将电阻线绕在耐热瓷件上，外面加上耐热、耐湿及耐腐蚀的材料保护固定后放入长方形瓷器框内，用特殊不燃性热水泥充填密封而成	在电路过电流的情况下会迅速熔断，以保护电路。常与价格高、需保护的电路元器件串联使用，多用在电源和二次电源电路内
零欧姆电阻器	插件式电阻阻值为零，电阻上没有任何字，中间有一条黑线（零欧姆标示符号 ─□□─ ）；贴片式电阻上面标示数字“0”	PCB 布线时，为防止走线交叉和兜圈，可加装零欧姆电阻进行桥接
功率型线绕无感电阻器（铝壳电阻）	采用特别的线绕方式，使得电感量仅为一般线绕电阻的几十分之一。采用金属外壳以利于散热	适用于大功率电路且磁场恶劣的环境，故又常称为功率电阻

4.1.2 电阻的参数

1. 电阻的单位

电阻的单位是欧姆（简称欧），用 Ω 表示，除欧外，还有千欧（kΩ）和兆欧（MΩ）。其换算关系为

$$1\text{k}\Omega=10^3\Omega$$

$$1\text{M}\Omega=1000\text{k}\Omega=10^6\Omega$$

用 R 表示电阻的阻值时，应遵循以下原则：

（1）若 $R<1000\Omega$，用 Ω 表示。

（2）若 $1000\leqslant R<1000\text{k}\Omega$，用 kΩ 表示。

（3）若 $R\geqslant1000\text{k}\Omega$，用 MΩ 表示。

经常在基本单位符号（如 m）前面加另外一个符号，以表示是原单位的若干倍或若

千分之一。如用 km 或者 mm 表示 1m 的 1000 倍（1km）或者千分之一（1mm）。单位名称前面加了不同的符号，表示不同的倍率（比率）。在科技领域不同符号所代表的倍率（比率）已经形成规则，见表 4-3。

表 4-3　不同符号所代表的倍率

汉字符号	倍率	大小	符号	来源单词
太（万亿）	1 吉的 1000 倍	10^{12}	T	tera
吉（10 亿）	1 兆的 1000 倍	10^{9}	G	giga
兆（百万）	1000000	10^{6}	M	mega
千	1000	10^{3}	k	kilo
毫	1/1000	10^{-3}	m	milli
微	1 毫/1000	10^{-6}	μ	micro
纳	1 微/1000	10^{-9}	n	nano
皮	1 纳/1000	10^{-12}	p	pico

注意，一个数据如果以科学计数法表示，这个数的数量级仅指它的指数部分，而不是系数部分。使用时需注意符号的大小写，并且都用正体。

2．标称阻值

标称阻值是指在电阻器表面所标示的阻值。阻值范围应符合国标中规定的阻值系列，即 E 系列。E 系列中有普通系列（E6、E12、E24）和精密系列（E48、E96、E192）。它们均是以等比数列来制定的。常用的有 E6、E12、E24 系列，其中 E24 系列最全，取值见表 4-4。

表 4-4　常用电阻器标称阻值系列

标称值系列	允许误差	电阻器、电位器标称值							
E24	Ⅰ级（±5%）	1.0	1.1	1.2	1.3	1.5	1.6	1.8	2.0
		2.2	2.4	2.7	3.0	3.3	3.6	3.9	4.3
		4.7	5.1	5.6	6.2	6.8	7.5	8.2	9.1
E12	Ⅱ级（±10%）	1.0	1.2	1.5	1.8	2.2	2.7	3.3	3.9
		4.7	5.6	6.8	8.2	—	—	—	—
E6	Ⅲ级（±20%）	1.0	1.5	2.2	3.3	4.7	6.8	—	—

对具体的电阻器而言，其实际阻值与标称阻值之间有一定的偏差，这个偏差与标称阻值的百分比叫作电阻器的误差。误差越小，电阻器的精度越高。电阻器的误差范围有明确的规定，对于普通电阻器其允许误差通常分为三大类，即±5%、±10%、±20%；对于精密电阻精度要求更高，允许误差有±2%、±1%、±0.5%、±0.05%等。

注意：表中电阻器、电位器标称阻值乘以 10^{n}（其中 n 为整数）即为该系列阻值。

3. 额定功率

额定功率是指在正常的大气压力及环境温度的条件下，电阻器长期工作所允许耗散的最大功率。它是选择电阻器的主要参数之一。常用电阻器和电位器的额定功率见表 4-5。

表 4-5 常用电阻器和电位器的额定功率

名 称	额定功率/ W																	
线绕电阻器	0.05	0.125	0.25	0.5	1	2	4	8	10	16	25	45	50	75	100	150	250	500
非线绕电阻器	0.05	0.125	0.25	0.5	1	2	5	10	25	50	100							

各种额定功率的电阻器在电路图中采用不同的图形符号表示，如图 4-4 所示。

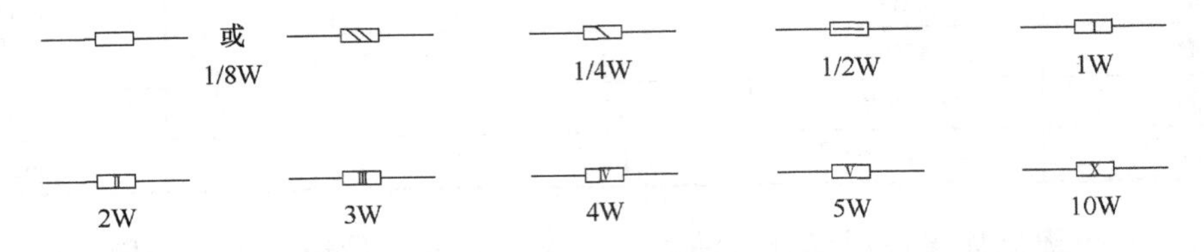

图 4-4 电阻器额定功率在电路图中的表示方法

4. 电阻值的标注方法

大部分电阻器只标注标称阻值和允许误差，电阻器的标识方法主要有直标法、文字符号法和色标法。

（1）直标法

直标法是用阿拉伯数字和单位符号在电阻器的表面直接标出标称阻值和允许误差的方法。其优点是直观，易于判读，如图 4-5 所示。

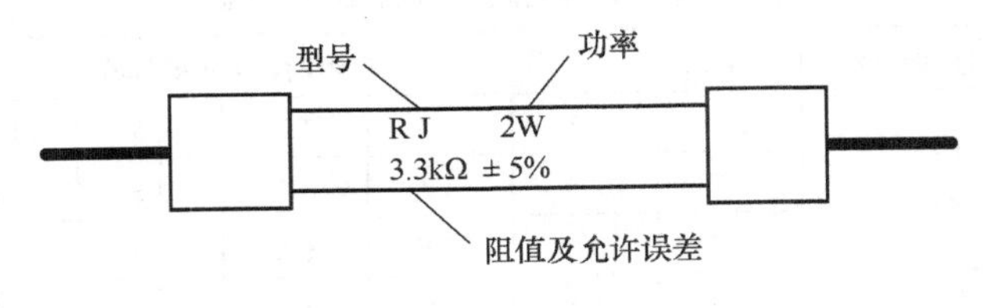

图 4-5 直标法

（2）文字符号法

文字符号法是将阿拉伯数字和字母符号按一定规律组合来表示标称阻值及允许误差的方法。其优点是认读方便、直观，可提高数值标记的可靠性，多用在大功率电阻器上。

文字符号法规定：用于表示阻值时，字母符号 Ω（或 R），k、M、G、T 之前的数字表示阻值的整数值，之后的数字表示阻值的小数值，字母符号表示小数点的位置和阻值单位，见表 4-6。

表 4-6　文字符号法

电 阻 值	文 字 符 号	电 阻 值	文 字 符 号	电 阻 值	文 字 符 号
0.1Ω	Ω1	1kΩ	1k	1000MΩ	1G
0.33Ω	Ω33	3.3kΩ	3k3	3300MΩ	3G3
0.59Ω	Ω59	5.9 kΩ	5k9	5900MΩ	5G9
1Ω	1Ω	1MΩ	1M	10^6MΩ	1T
3.3Ω	3Ω3	3.3MΩ	3M3	3.3×10^6MΩ	3T3
5.9Ω	5Ω9	5.9MΩ	5M9	5.9×10^6MΩ	5T9

文字符号标注的电阻如图 4-6 所示。

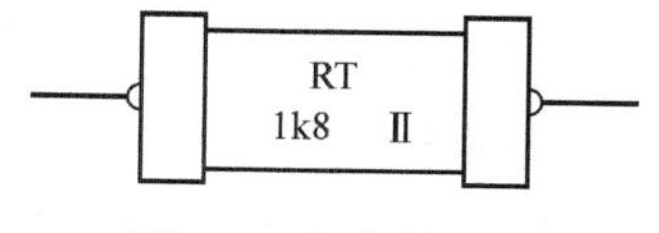

图 4-6　文字符号法

（3）色标法

色标法是用色环在电阻器表面标出标称阻值和允许误差的方法，颜色规定如图 4-7 所示。其优点是标志清晰，易于看清。色标法又分为四色环色标法和五色环色标法。

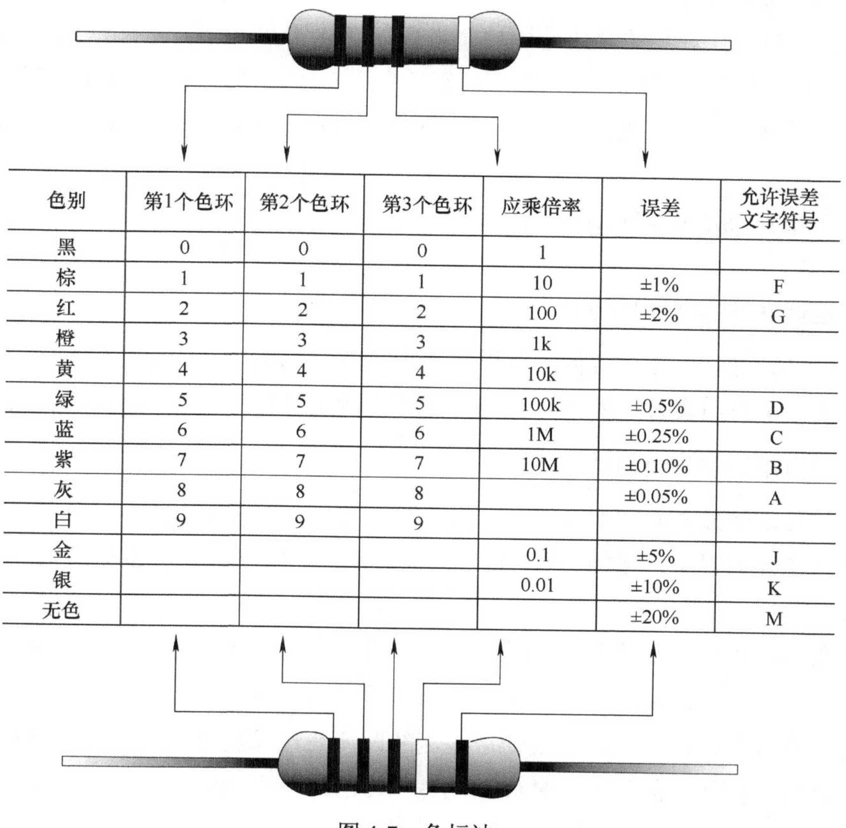

色别	第1个色环	第2个色环	第3个色环	应乘倍率	误差	允许误差文字符号
黑	0	0	0	1		
棕	1	1	1	10	±1%	F
红	2	2	2	100	±2%	G
橙	3	3	3	1k		
黄	4	4	4	10k		
绿	5	5	5	100k	±0.5%	D
蓝	6	6	6	1M	±0.25%	C
紫	7	7	7	10M	±0.10%	B
灰	8	8	8		±0.05%	A
白	9	9	9			
金				0.1	±5%	J
银				0.01	±10%	K
无色					±20%	M

图 4-7　色标法

普通电阻器大多用四色环色标法来标注，四色环的前两个色环表示阻值的有效数字，第 3 个色环表示阻值倍率，第 4 个色环表示阻值允许误差范围（当电阻标注为四色环时，最后一个色环必为金色或银色）。

精密电阻器大多用五色环法来标注，五色环的前 3 个色环表示阻值的有效数字，第 4 个色环表示阻值倍率，第 5 个色环表示允许误差范围。当电阻标注为五色环时，最后一个色环与前面四个色环距离较大。

从图 4-7 中的五色环电阻器（颜色分别为黄、紫、黑、黄、红）为例，其电阻值为 $470\times10\text{k}\Omega=4.7\text{M}\Omega$，允许误差为±2%。

5. 其他参数

1）额定电压：由阻值和额定功率换算出的电压。

2）最高工作电压：允许的最大连续工作电压。在低气压工作时，最高工作电压较低。

3）温度系数：温度每变化 1℃所引起的电阻值的相对变化。温度系数越小，电阻的稳定性越好。阻值随温度升高而增大的为正温度系数，反之为负温度系数。

4）老化系数：电阻器在额定功率长期负荷下，阻值相对变化的百分数，它是表示电阻器寿命长短的参数。

5）电压系数：在规定的电压范围内，电压每变化 1V，电阻值的相对变化量。

6）噪声：产生于电阻器中的一种不规则的电压起伏，包括热噪声和电流噪声两部分。热噪声是由于导体内部不规则的电子自由运动，使导体任意两点的电压不规则变化。

4.1.3 电阻器的检测与选用

1. 电阻器好坏的判断与检测

1）电阻器的好坏可通过直接观察引线是否折断、电阻体是否烧焦等做出判断。

2）阻值可用万用表合适的电阻档进行测量，测量时应尽可能减小测量误差。

2. 使用万用表测量电阻的步骤

1）将黑色表笔插入 COM 插孔，红色表笔插入 V/Ω 插孔，如图 4-8 所示。

2）将功能开关置于合适的 Ω 量程，即可将测试表笔连接到待测电阻上。

注意：

1）如果被测电阻值超出所选择量程的最大值，将显示过量程“1”，此时应该选择更高量程，对于大于 1MΩ 或更高的电阻，读数要经几秒后才能稳定，这是正常的。

2）当检查线路内部阻抗时，要保证被测线路所有电源移开，所有电容放电。

3）200MΩ 量程，表笔短路时读数约为 1.0，测量电阻时应从读数中减去。如测量 100MΩ 电阻时，若显示为 101.0，则 1.0 应被减去。

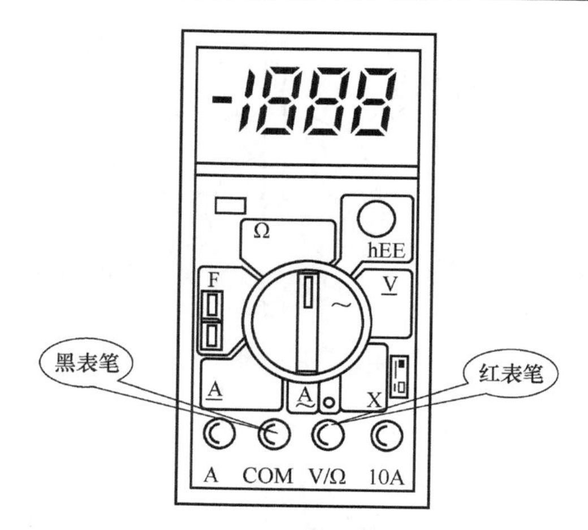

图 4-8　用万用表测量电阻

3. 电阻器的选用

1）选用电阻的额定功率值应高于电阻在电路工作中实际功率值的 0.5～1 倍。

2）应考虑温度对电路工作的影响，应根据电路特点来选择正、负温度系数的电阻。

3）电阻的允许误差、非线性及噪声应符合电路要求。

4）应考虑工作环境与可靠性、经济性。

4.1.4　电位器

电位器又称可变电阻器，是指电阻在规定范围内可连续调节的电阻器。

1. 结构和种类

电位器的种类很多，常见的电位器分类如图 4-9 所示。

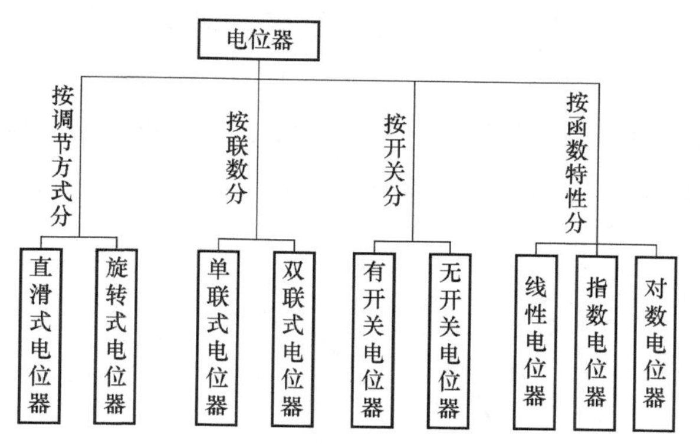

图 4-9　电位器分类

2. 电位器的结构

电位器由外壳、滑动系统、电阻体（片）和 3 个引出端组成，如图 4-10 所示。

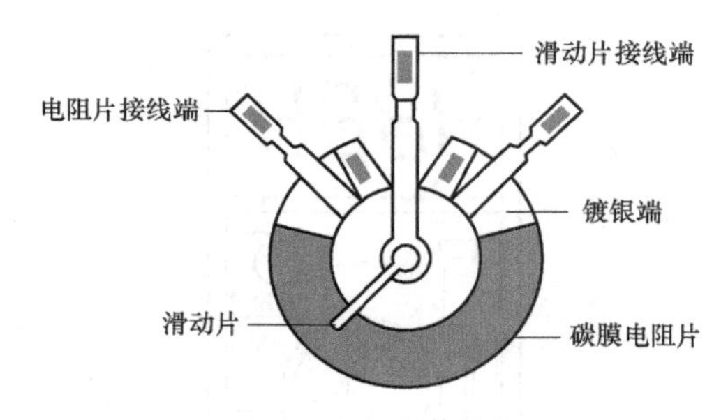

图 4-10　电位器结构

常见电位器如图 4-11 所示。

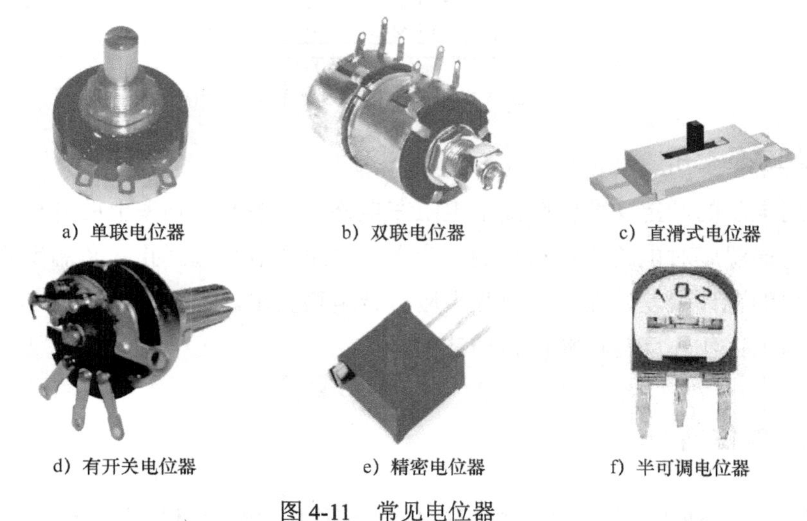

图 4-11　常见电位器

3. 电位器的主要技术参数

除了标称阻值、允许误差和额定功率之外，电位器还有以下几个主要参数。

1）零位电阻。零位电阻是电位器的最小阻值，即动片端与任一定片端之间的最小阻值。

2）阻值变化特性。电位器的旋转角度与输出电阻之间的关系有直线式（A 型）、指数式（B 型）和对数式（C 型）三种，如图 4-12 所示。

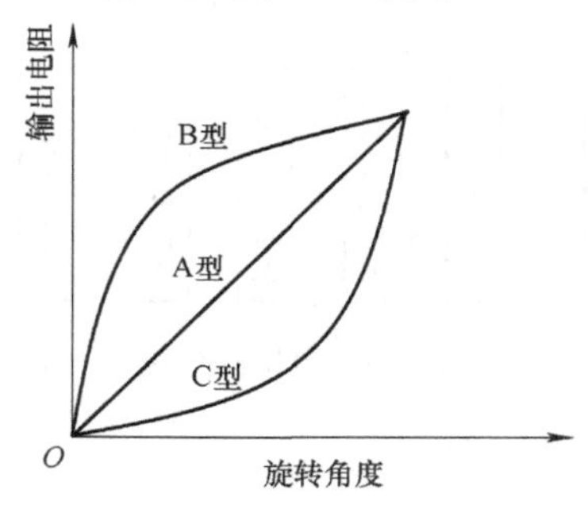

图 4-12　阻值变化特性曲线

① 直线式（A 型）。直线式电位器的旋转角度与输出电阻呈线性关系（如 A 线），在限流、分压、定时、阻抗匹配等场合应用较多。

② 指数式（B 型）。指数式电位器的旋转角度与输出电阻呈指数关系，表现为先细调后粗调的特性，如音量调节电位器。

③ 对数式（C 型）。对数式电位器的旋转角度与输出电阻呈对数关系，表现为先粗调后细调的特性，如对比度调节电位器。

电位器的其他参数还有负荷耐磨寿命、分辨力、符合性、绝缘电阻、噪声、旋转角度范围等。

4. 电位器的检测

1）选取指针式万用表合适的电阻档，用测试表笔分别连接电位器的两固定端，测出的阻值即为电位器的标称阻值。

2）将两测试表笔分别接电位器的固定端和活动端，缓慢转动电位器的轴柄，电阻值应平稳地变化，如发现有断续或跳跃现象，说明该电位器接触不良。

4.2 电容器

电容器也是组成电子电路的基本元件之一。电容器是一种储存电能的元件，在电路中具有隔直流、旁路、耦合等作用，它由两个彼此绝缘但又靠近的导体，如金属板或金属箔组成，这两个导体又叫作电容器的两个极，中间的绝缘物质叫作电介质。

4.2.1 电容器的分类

1. 电容器分类方法

电容器的种类很多，常见的电容器分类如图 4-13 所示。

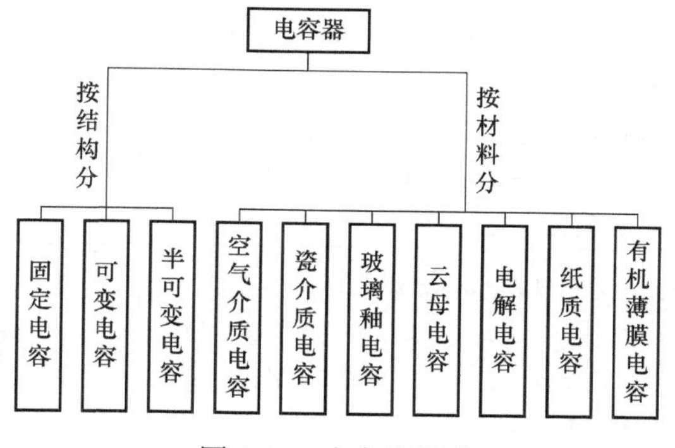

图 4-13　电容器分类

2. 常见电容器的类型、结构特点

表 4-7 列出了电容器的类型、结构特点以及实物图。

表 4-7　电容器的类型、结构特点以及实物图

电容器类型	电容器结构和特点	实　物　图
铝电解电容器	采用铝圆筒作负极，里面装有液体电解质，插入一片弯曲的铝带作正极制成。经过直流电压处理使正极片上形成氧化膜作介质 其特点是容量大，但是剩余电流大，误差大，稳定性差，常用作交流旁路和滤波，在要求不高时也用于信号耦合。注意：电解电容有正、负极之分，使用时不能接反	
钽、铌电解电容器	用金属钽或铌作正极，稀硫酸等配液作负极，用钽或铌表面生成的氧化膜作介质 其特点是体积小、容量大、性能稳定、寿命长、绝缘电阻大、温度特性好。用在要求较高的设备中	
纸介电容器	用两片金属箔作电极，夹在极薄的电容纸中，卷成圆柱形或者扁柱形芯子，然后密封在金属壳或绝缘材料（如火漆、陶瓷、玻璃釉等）内。其特点是体积小，容量可以做得较大。但是固有电感和损耗都比较大，用于低频比较合适	
金属化纸介电容器	结构和纸介电容基本相同。它是在电容纸上覆上一层金属膜来代替金属箔 其特点是体积小、容量较大，一般用在低频电路中	
油浸纸介电容器	将纸介电容器浸在经过特殊处理的油里，以增强耐压能力 其特点是电容量大、耐压高，但体积较大	
玻璃釉电容器	以玻璃釉作介质，具有瓷介电容器的优点，且体积更小，耐高温	
陶瓷电容器	用陶瓷作介质，在陶瓷基体两面喷涂银层，然后烧成银质薄膜作极板 其特点是体积小、耐热性好、损耗小、绝缘电阻高，但容量小，适用于高频电路。铁电陶瓷电容容量较大，但损耗和温度系数较大，适用于低频电路	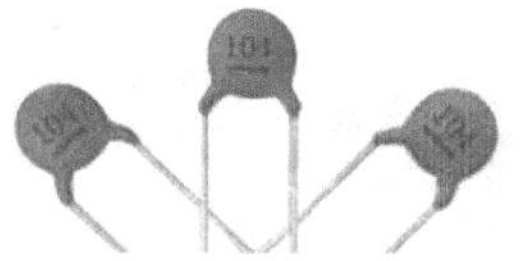
薄膜电容器	结构和纸介电容相似，但介质是涤纶或者聚苯乙烯 涤纶薄膜电容介电常数较高、体积小、容量大、稳定性较好，适宜作旁路电容；聚苯乙烯薄膜电容介质损耗小，绝缘电阻高，但是温度系数大，可用于高频电路	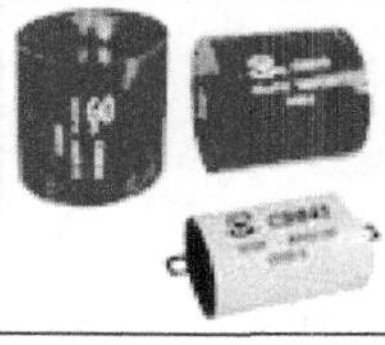

（续）

电容器类型	电容器结构和特点	实　物　图
云母电容	在金属箔或者云母片上喷涂银层作电极板，极板和云母一层一层叠合后，再压铸在胶木粉或封固在环氧树脂中 其特点是介质损耗小、绝缘电阻大、温度系数小，适用于高频电路	
半可变电容（微调电容）	由两片或者两组小型金属弹片中间夹着介质制成。通过改变两片间的距离或面积来调节容量。介质有空气、陶瓷、云母、薄膜等	
可变电容	由一组定片和一组动片组成，容量随动片转动可以连续改变。把两组可变电容装在一起同轴转动，叫作双联。可变电容的介质有空气和聚苯乙烯两种。空气介质可变电容体积大、损耗小，多用在电子管收音机中；聚苯乙烯介质可变电容做成密封式的，体积小，多用在收音机中	

3．电容器的电路符号

电容器的文字符号用英文 C 表示，常用单位是法拉（F）、微法（μF）、皮法（pF）。电容器的图形符号如图 4-14 所示。

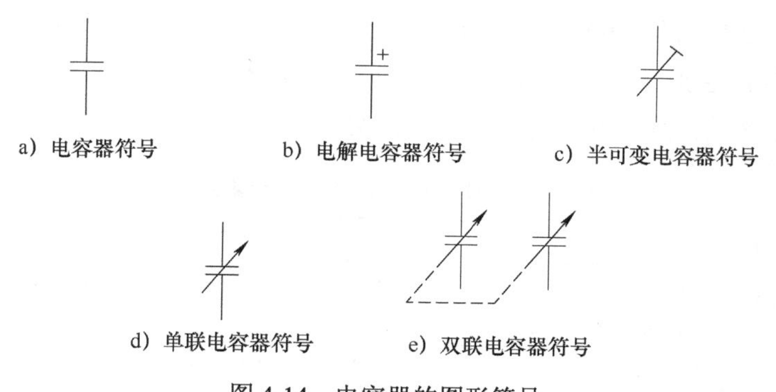

图 4-14　电容器的图形符号

4.2.2　电容器的型号命名

国家标准规定的电容器的型号命名方法见表 4-8。

表 4-8　电容器的型号命名方法

第一部分　主称		第二部分　材料		第三部分　特征		第四部分
符　号	意　义	符　号	意　义	符　号	意　义	序　号
C	电容器	C	瓷介	T	铁电	用数字 1、2、3…、n 来表示名称、材料、特征均相同，仅尺寸、性能指标略有差别，但基本不影响互换的产品，则为其赋予相同的序号
				W	微调	
		Y	云母	W	微调	
		I	玻璃釉			
		O	玻璃（膜）	W	微调	
		B	聚苯乙烯	J	金属化	
		F	聚四氟乙烯			
		L	涤纶	M	密封	
		S	聚碳酸酯	X	小型、微调	
		Q	漆膜	G	管形	
		Z	纸质	T	筒形	
		H	混合介质	L	立式矩形	
		D	（铝）电解	W	卧式矩形	
		A	钽	Y	圆形	
		N	铌			
		T	钛			
		M	压敏			

4.2.3　电容器的主要参数

1．标称容量

标称容量表示电容器储存电荷的能力。标称容量是标注在电容器上的名义电容量，为了便于生产和满足实际需要，国家也规定了一系列容量值作为产品标准，这一系列容量值就称为标称容量。常用标称容量系列表示见表 4-9。

表 4-9　固定式电容器的标称容量系列

系　列	精　度	标 称 容 量
E24	±5%	1.0　1.1　1.2　1.3　1.5　1.6　1.8　2.0　2.2　2.4　2.7　3.0　3.3　3.6　3.9　4.3　4.7　5.1　5.6　6.2　6.8　7.5　8.2　9.1
E12	±10%	1.0　1.2　1.5　1.8　2.2　2.7　3.3　3.9　4.7　5.6　6.8　8.2
E6	±20%	1.0　1.5　2.2　3.3　4.7　6.8

注意：表中数值再乘以 10^n，其中 n 为正整数或负整数。

电容值的标注方法有三种。

1）直标法。将电容器的主要参数和性能指标用数字或字母直接标注在电容器的表面上，如图 4-15 所示。

图 4-15　直标法

2）文字符号法。将电容器的主要参数和性能指标用文字、数字符号有规律地组合起来标注在电容器上。如 0.1pF 标志为 P1，3.3μF 标志为 3μ3 等，见表 4-10。

表 4-10　文字符号法

电　容　值	标 字 符 号	电　容　值	标 字 符 号	电　容　值	标 字 符 号
0.1pF	P1	1000pF	1n	1000μF	1m
0.33pF	P33	3300pF	3n3	3300μF	3m3
0.59pF	P59	5900pF	5n9	5900μF	5m9
1pF	1P	1μF	1μ	1F	1F
3.3pF	3P3	3.3μF	3μ3	3.3F	3F3
5.9pF	5P9	5.9μF	5μ9	5.9F	5F9

3）数字表示法。一般用三位数字来表示电容器的容量大小，其单位为 pF。以图 4-16 为例，从左至右，前两位表示有效数字，第三位表示乘数（即零的个数），若第三位数为 9 则表示 10^{-1}。

a）100000 (1±10%)pF

b）4.7 (1±5%)pF

图 4-16　数字表示法

4）色标法。用不同颜色的色环或色点表示电容器的容量及误差等级。四色环电容器的第一环和第二环为有效数值，第三环为倍率，第四环为允许偏差。各色环颜色代表的含义见表 4-11。

表 4-11　色标电容器各色环颜色代表的含义

色环颜色	有效数字	倍率	允许误差（%）	工作电压 / V	色环颜色	有效数字	倍率	允许误差（%）	工作电压 / V
黑	0	10^0	—	4	紫	7	10^7	±0.1	50

（续）

色环颜色	有效数字	倍率	允许误差（%）	工作电压/V	色环颜色	有效数字	倍率	允许误差（%）	工作电压/V
棕	1	10^1	±1	6.3	灰	8	10^8	—	63
红	2	10^2	±2	10	白	9	10^9	−20～50	—
橙	3	10^3	—	16	金	—	10^{-1}	±5	—
黄	4	10^4	—	25	银	—	10^{-2}	±10	—
绿	5	10^5	±0.5	32	无色	—	—	±20	—
蓝	6	10^6	±0.25	40					

2．允许误差

实际电容器容量不可能和标称容量完全一致，电容器的容量与标称容量之间的误差称为允许误差，一般电容器的容量和允许误差都标注在电容器上，体积较小的用数字和文字标注。电容器的允许误差按下式计算：

$$\delta = \frac{C - C_R}{C_R} \times 100\%$$

式中，C 为实际容量；C_R 为标称容量。

电容器允许误差一般用字母表示，见表 4-12。

表 4-12　允许误差标注及含义

字　母	含　义	字　母	含　义	字　母	含义
B	±0.1%	H	±100%	P	±0.02%
C	±0.25%	J	±5%	Q	−10%～30%
D	±0.5%	K	±10%	S	−20%～50%
E	±0.005%	L	±0.01%	T	−10%～50%
F	±1%	M	±20%	W	±0.05%
G	±2%	N	±30%	X	±0.001%
Y	±0.002%	Z	−20%～80%	不标注	−20%

允许误差越小的电容器，其精度就越高，稳定性也好，但生产成本相对较高，价格较高。

3．额定工作电压

电容器的额定工作电压指电容器在规定的工作温度范围内，长期、可靠工作所能承受的最高电压。额定电压的大小与电容器所用介质有关。此外，环境温度不同，电容器能承受的工作电压也不同，使用时应考虑到这一因素，选择合适的品种和规格，以保证电容器安全可靠地工作。常用固定电容器的额定工作电压系列见表 4-13。耐压值一般都直接标注在电容器上。

表 4-13　常用固定电容器的额定工作电压系列　　（单位：V）

1.6	4	6.3	10	16	25	32	40
50	63	100	125	160	250	300	400
450	500	630	1000	1600	2000	2500	3000
4000	5000	6300	8000	10000	15000	20000	25000
30000	35000	40000	45000	50000	60000	80000	100000

4. 绝缘耐压

绝缘耐压，也称抗电强度，描述一个电容器两引出端之间以及引出端与金属外壳之间所能承受的最大电压。该电压一般为直流工作电压的 1.5～2 倍。绝缘耐压的大小反映了电容器引出端之间或引出端与外壳之间的绝缘物的绝缘能力，还体现出电容器结构设计的合理性。

5. 电容器的损耗

一个理想电容器不应消耗电路中的能量，但在实际应用中，电容器都要消耗能量。电容器的损耗主要由介质损耗、电导损耗和电容器所有金属部分的电阻和接触电阻的损耗引起。其中介质损耗包括电容器的主要介质和辅助介质（例如浸渍料）的损耗。

6. 剩余电流

电容器的介质材料不是绝对的绝缘体，在一定的环境温度和工作电压条件下，也会有电流通过，此电流称为剩余电流，亦称漏电流。

7. 绝缘电阻

电容器的绝缘电阻在数值上等于加在电容器两端的电压除以剩余电流，高质量的电容器，其绝缘电阻很高。电容器的绝缘电阻主要取决于介质的绝缘电阻和表面的剩余电流大小。

8. 电容器的温度系数

在一般情况下，电容器的容量随温度的变化而变化，电容器的温度系数与介质材料的温度特性及电容器的结构有关。温度系数越大，电容器容量随温度的变化越大。所以为了使电路工作稳定，温度系数越小越好。

4.2.4　电容器的检测与使用

1. 电容器的检测

电容器常见的故障有开路失效、击穿短路、漏电、容量减少或介质损耗增大等。其中，击穿短路用万用表很容易检查出来，开路失效通过替换好的电容器也能判断出来。

至于容量减少、漏电和介质损耗增大，直接用万用表测量比较困难。下面介绍几种用万用表检测电容器容量及漏电的有效方法。

（1）电解电容器容量的检测

检测前将被测电容器两极引线短路，万用表置于 R×1k 档。接上万用表的瞬间，只要电容器容量足够大，表针就会向右摆动一个明显的角度，然后逐步向左复原，退回至电阻无穷大位置。容量越大充电时间越长，表针向右摆动的角度越大，向左复原的速度越慢。当电容器容量大于 10μF 时，表针摆动可超过欧姆零点。因此，可以根据表针向右偏转的角度来判断电解电容器容量是否充足。

（2）电解电容器漏电阻的检测

在检测电解电容器的容量时，若表针回不到电阻无穷大位置，则表针所指的数值就是漏电阻。

（3）电解电容器极性的判别

电解电容器有正负极之分，在电路中不能接错。若电解电容器的正负极标志模糊不清，可根据电解电容器正接时漏电阻小、反接时漏电阻大的特性来进行判断。具体方法如下：先测量一下电容器漏电阻，然后将红黑表笔对调测量。两次测量中，漏电阻小的那一次，黑表笔所搭的电极为电容器正极，红表笔所搭的电极为负极。

（4）可变电容器的检查

可变电容器由于动片和定片之间距离很小，易于发生碰片短路，使用前，可以旋转动片，用万用表欧姆档测量动片和定片的电阻值，以检查电容器有无短路现象。

（5）一般电容器的检查

如果被测的是 0.01μF 以上的电容器，可用万用表 R×10k 高阻档测量，表针应有明显摆动。若无摆动，说明电容器内部开路。

对于 5000pF 以下的小容量电容器，用万用表是无法测量其容量的，只能用替换法将被测电容器接入相应电路中，以判断其是否有容量。

2. 电容器的选择和使用

（1）选择合适的类型

根据电路要求选用合适的类型，在低频耦合、旁路等电气特性要求较低的场合，可以选用纸介电容器、涤纶电容器等；在高频电路和高压电路中，应选用云母电容器和瓷介电容器等；在电源滤波和退耦电路中，可选用电解电容器。

（2）合理确定电容器的精度

在大多数情况下，对于电容器的容量要求并不严格。例如，在退耦电路、低频耦合电路等要求不太严格的情况下，电容器的容量可略大于要求值。但在振荡回路、延时电路、音调控制等电路中，电容器的容量应尽可能和计算值一致。在各种滤波器和网络中，电容器的容量则要求非常精确，其误差应控制在±(0.3%～0.5%)以内。

（3）确定电容器的额定工作电压

当电路工作电压高于电容器额定电压时，电容器就会发生击穿而导致损坏。因此选用电容器时应确保所选电容器的额定电压高于实际工作电压，并要留有足够的余量。因为电路中常常由于各种原因发生电压波动，易导致电容器击穿。一般工作电压应比电容器额定电压低 10%～20%，对工作电压稳定性较差的电路可酌情留有更大的余量。

（4）注意通过电容器的交流电压和电流值

通过电容器的交流电压和电流值，应严格遵守电容器特性规格要求，不能超过额定值。对于有极性的电解电容器，不宜在交流电路中使用，但可以在脉动电路中使用。

（5）根据使用环境条件进行选择

电容器的性能和环境条件有密切的关系，在工作温度较高的环境中，电容器容易发生老化，因此在设计安装时，应尽可能使电容器远离热源并改善机器内通风散热，必要时应采用强迫风冷。在寒冷地区，普通电解电容器会因电解液结冰而失效，使机器工作失常，因此必须选择耐寒的电解电容器。在室外工作或在湿度较大的环境下工作时，应选用密封型电容器，以提高设备的抗潮性能。

3．使用注意事项

1）在使用前，应先检查电容器外观是否完好无损，引线是否有松动或折断，型号规格是否符合要求，然后用万用表检查电容器是否击穿短路或剩余电流过大。

2）若现有的电容器与所需容量或耐压不符，可采用串联或并联的方法来解决。注意：两个工作电压不同的电容器并联时，耐压值由电压较低的电容器决定；当两个容量不同的电容器串联时，容量较小的电容器所承受的电压更高。一般不宜用多个电容器并联的方式来增大等效容量，因为电容器并联后，损耗也随着增大。

3）电解电容器一般工作在直流电路中，在使用时不能将正负极接反，否则将导致其无法正常工作或损坏。

4）可变电容器的旋轴和动片应稳固连接，避免松动，在安装时一般应将动片接地，这样可以避免人手转动电容器转轴时引入干扰。

5）安装电容器时其引线不能从根部弯曲。焊接时间不应太长，以免引起性能变坏，甚至损坏。

4.3　电感器

电感器又称电感线圈，简称电感，是用漆包线在绝缘骨架上绕制而成的一种能存储磁场能的电子元件，它在电路中具有阻交流通直流、阻高频通低频的特性。

4.3.1 电感器的分类

1. 电感器分类方法

电感器的种类很多，根据电感量是否可调分为固定电感器、可变电感器和微调电感器；按导磁体性质来分，有带磁心和不带磁心的电感器；按绕线结构来分，有单层线圈、多层线圈和蜂房式线圈。

2. 电感器的符号

电感器的文字符号用英文 L 表示，常用单位是亨利（H）、毫亨（mH）、微亨（μH）。电感器的图形符号如 4-17 所示。

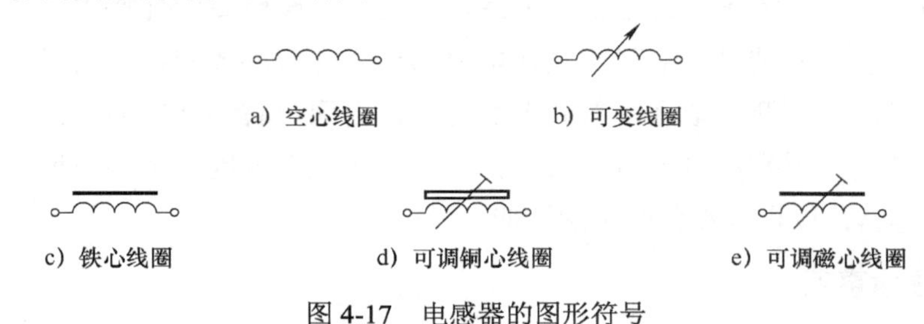

图 4-17 电感器的图形符号

表 4-14 列出了电感器的类型、结构特点及实物图。

表 4-14 电感器的类型、结构特点及实物图

电感器类型	结构和特点	实 物 图
固定电感器	根据不同的电感量要求，将不同直径的铜线绕在磁心上，再用塑料壳封装或用环氧树脂包封而成。因其具有体积小、重量轻、结构牢固可靠等优点而得到广泛的应用	
带磁心的线圈	线圈加装磁心后，电感值、品质因数都将增加。带磁心的线圈体积小、损耗小、固有电容小。此外，通过调整磁心在线圈中的位置，还可以改变电感量。许多线圈都装有磁心，如收音机中的天线线圈、振荡线圈等	
可变电感器 微调电感器	将线圈的电感值做成可调节的可变电感线圈，用来改变谐振回路的谐振频率或耦合电路耦合的松紧。例如，老式的电视接收机，将一个线圈引出数个抽头，以供接收各个不同频道的电视信号。这种用引出抽头改变电感值的方法，可使电感值的变化呈跳跃式 微调电感器多用于电视机中的振荡线圈、收音机中的振荡线圈等	

（续）

电感器类型	结构和特点	实　物　图
多层线圈	单层线圈在要求获得较大电感值的情况下，就会因体积过大而不能满足使用要求。因此在电感值较大时，就要采用多层线圈。多层线圈除了匝和匝之间具有电容之外，层与层之间也具有电容，因此线圈的固有电容大大增加	
蜂房式线圈	多层线圈的缺点之一是固有电容较大，采用蜂房式绕制方法，可以减小线圈的固有电容。被绕制的导线以一定的偏转角（19°～26°）在骨架上缠绕，通常由自动或半自动的蜂房式绕线机进行绕制。对于电感值较大的线圈，可以采用两个、三个甚至多个蜂房线包分段绕制	

3．电感器的型号命名

电感器的型号命名由三部分组成，各部分含义见表 4-15。

表 4-15　电感器的型号命名方法

第一部分：主称		第二部分：电感量			第三部分：误差范围	
字　母	含　义	数字与字母	数　字	含　义	字　母	含　义
L 或 PL	电感线圈	2R2	2.2	2.2μH	J	±5%
		100	10	10μH		
		101	100	100μH	K	±10%
		102	1000	1mH	M	±20%
		103	10000	10mH		

4.3.2　电感器的主要参数

1．电感（L）

电感包括自感和互感，反映电感线圈存储磁场能的能力，也反映电感器通过变化电流时产生感应电动势的能力。其大小与磁导率 μ，线圈单位长度中的匝数 n 以及体积 V 有关。当线圈的长度远大于直径时，电感量为

$$L = \mu n^2 V$$

2．品质因数（Q）

电感线圈无功伏安值与消耗能值的比值称为品质因数，用 Q 值来表示，即

$$Q = \frac{\omega L}{R}$$

式中，ω 为工作角频率；L 为线圈电感；R 为线圈的等效串联损耗电阻。

Q 值高表示电感器的损耗功率小、效率高。但 Q 值的提高受到导线的直流电阻、线

圈架的介质损耗等多种因素的限制，通常为50～300。

3. 分布电容

分布电容是指电感线圈的匝与匝之间、线圈与地之间、线圈与屏蔽盒之间存在的寄生电容。分布电容使线圈的 Q 值减小，稳定性变差。减小分布电容的方法有：减小线圈骨架的直径、用细导线绕制线圈；采用间绕法、蜂房式绕法绕制线圈。

4. 额定电流

额定电流是指电感器长期工作不损坏所允许通过的最大电流。它是工作电流较大的电感器，如高频扼流圈、大功率谐振线圈以及电源滤波电路中的低频扼流圈等，在选用时应考虑的重要参数。

4.3.3 电感器的检测与选用

1. 电感器的检测

（1）外观检查

首先从外观上检查，看线圈有无松散、发霉，引脚有否折断、生锈现象。具有磁心的可调电感线圈要求磁心的螺纹配合要好，既要轻松，又不滑牙。

（2）电感量的测量

电感器的电感量通常用电感电容表或具有电感测量功能的专用万用表来测量，普通万用表无法测出电感器的电感量。

（3）电感器开路或短路的判断

用万用表的 R×1 档测量电感器两端的正、反向直流电阻值，正常时应有一定的电阻值。若直流电阻为无穷大，说明线圈内或线圈与引出线之间已经断路；若直流电阻值比正常值小很多，说明线圈内有局部短路；若直流电阻值为零，则说明线圈完全短路。电阻值与电感器绕组的匝数成正比。绕组的匝数多，电阻值也大；匝数少，电阻值也小。具有金属屏蔽罩的线圈，还需测量线圈和屏蔽罩之间是否短路。线圈的断线往往是因为受潮发霉或拗扭折断的。一般的故障多数发生在线圈引出头的焊接点上或经常拗扭的地方。

2. 电感器的选择和使用

电感线圈的用途极为广泛，例如 LC 滤波器、调谐放大器或振荡器中的谐振回路、均衡电路、去耦电路等都会用到电感线圈。使用电感线圈应注意其性能能否符合电路要求，并应注意正确使用，防止接线错误和损坏。检查和选择电感线圈时可参考以下几点。

用电感测试仪测量线圈电感值 L 和品质因数 Q，检查其电感值是否与允许范围相符，对于电感值过大（或过小）的线圈，可通过减少（或增加）匝数来达到要求值。对于带有可调磁心的线圈，测量时，应使磁心位置位于可调范围的中间。对于 Q 值达不到要求值的电感线圈，应从减小损耗的角度出发去提高其 Q 值，例如加粗导线直径等。

线圈管的材料与线圈的损耗有关。通常在要求损耗小的高频电路中，应选用高频损耗小的高频瓷作骨架，其他像塑料、胶木、纸损耗虽然大一些，但是可在要求较低的场合工作。同时它们往往具有价格低廉、制作方便、重量较轻等特点，因此应量材使用。

线圈的机械结构必须牢固，不应使线匝松脱、引线接点活动等。线圈应经过防潮绝缘处理，以免受潮和霉烂。

线圈不宜用过细的线绕制，以免增加线圈电阻，使 Q 值降低，同时容易因载流量不够而烧断。

带有抽头的线圈应有明确的标志，这样既便于安装，也便于维修时检查。

采用何种线圈必须考虑其工作频率。在音频段一般要用带铁心（硅钢片或坡莫合金）或低频铁氧体心的线圈；在几百千赫到几兆赫间（例如中波广播段）的线圈最好用铁氧体心，多股绝缘线绕制，这样可减少趋肤效应，提高 Q 值；但是从几兆赫到几十兆赫时则由于多股线间的分布电容作用及介质损耗增加，反而不宜用多股绝缘线，而宜用单股粗镀银铜线绕制，磁心也要采用短波高频铁氧体，也常用空气心的线圈；在 100MHz 以上时一般已不能用铁氧体心，只能用空心线圈，如果要做微调，可用铜心。

3. 使用注意事项

在使用线圈时，应确保接线正确，尤其不要误接到高压电路，以免烧毁线圈及其他电路元件。对于带有屏蔽罩的线圈，还可能因线圈或引线和金属盒相碰造成短路，在拿开金属盒后，短路消除，盖上金属盒后，又发生短路，检查时应特别注意。

4.4　半导体二极管

半导体二极管又称晶体二极管，简称二极管。它实际上是由一个 PN 结构成的，具有单方向导电的性能，普通二极管在电子线路中，常用作整流和检波。特殊二极管在电子线路中，常用作指示、检测、控制等。常见的二极管如图 4-18 所示。

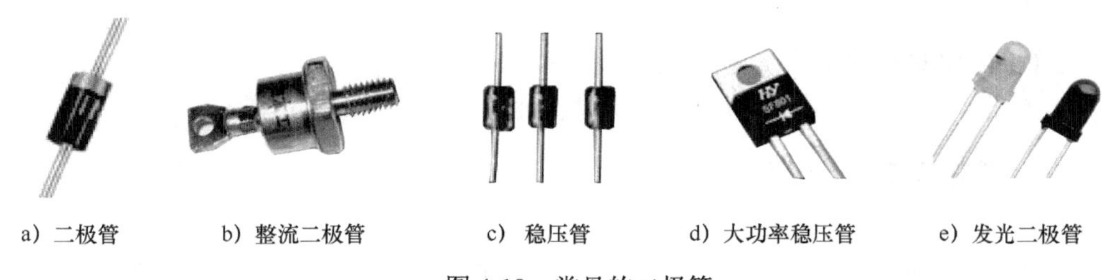

a）二极管　b）整流二极管　c）稳压管　d）大功率稳压管　e）发光二极管

图 4-18　常见的二极管

4.4.1 二极管的分类

1．按结构分

二极管按结构的不同分为点接触型二极管和面接触型二极管。

点接触型二极管是用金、银或钨等金属丝作为触针与半导体材料（N 型锗或 P 型硅晶体）相接触，在针尖处形成一个 PN 结而成。由于点接触型二极管的接触面积较小，因此允许通过的电流较小。但是它的极间电容也较小，所以宜于用作高频检波。

面接触型二极管一般是在 N 型硅上面放一小块铝，在高温下烧结，使一部分铝熔于硅中，生成 P 型半导体，制出 PN 结。由于结合面较大，因而能允许通过较大的电流。但是它的极间电容也较大，所以只宜于在低频工作条件下使用，一般用作整流元件。

2．按半导体材料分

二极管按半导体材料可分为锗二极管、硅二极管、砷化镓二极管、磷化镓二极管等。

3．按封装形式分

二极管按封装形式可分为金属封装、陶瓷封装、塑料封装、玻璃封装等。

4．按用途和功能分

二极管按用途和功能可分为普通二极管、精密二极管、整流二极管、稳压二极管、检波二极管、开关二极管、续流二极管、发光二极管、激光二极管、磁敏二极管、光电二极管等多种。

5．按电流容量分

二极管按电流容量可分为大功率二极管（电流为 5A 以上）、中功率二极管（电流在 1～5A）和小功率二极管（电流在 1A 以下）。

6．按工作频率分

二极管按工作频率可分为高频二极管和低频二极管。

4.4.2 二极管的型号命名

国产二极管的型号命名由五部分组成，各部分的含义见表 4-16。

表 4-16　国产二极管的型号命名及含义

第一部分：主称		第二部分：材料与极性		第三部分：类别		第四部分：序号	第五部分：规格号
数　字	含　义	字　母	含　义	字　母	含　义		
2	二极管	A	N 型锗材料	P	小信号管（普通管）	用数字表示同一类型产品的序号	用字母表示产品规格、档次
				W	电压调整管和电压基准管（稳压管）		
				L	整流堆		
		B	P 型锗材料	N	阻尼管		
				Z	整流管		
				U	光电管		
		C	N 型硅材料	K	开关管		
				B 或 C	变容管		
				V	混频检波管		
		D	P 型硅材料	JD	激光管		
				S	隧道管		
				CM	磁敏管		
		E	化合物材料	H	恒流管		
				Y	体效应管		
				EF	发光二极管		

示例：N 型锗材料普通二极管

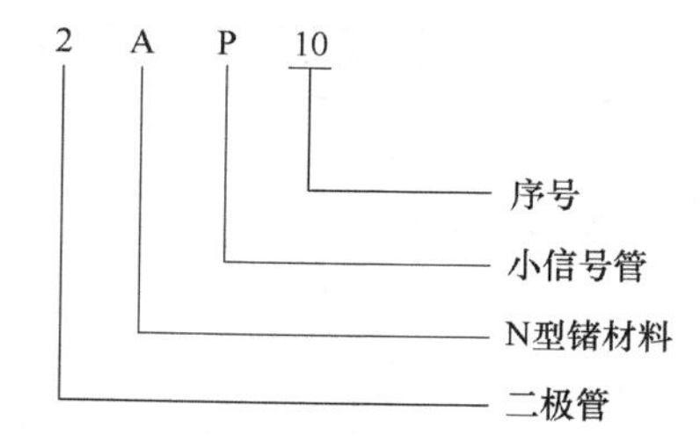

4.4.3　二极管的主要参数

1．最大整流电流 I_{OM}

最大整流电流是二极管长时间工作时允许通过的最大平均电流。二极管应用时实际通过的平均电流不许超过此值，否则会因过热使二极管损坏。

2．最高反向工作电压 U_{RM}

最高反向工作电压是二极管正常工作时允许承受的最大反向电压。一般取反向击穿电压的一半或三分之二。

如果外加的反向电压超过这个数值，电流猛增，很快会造成二极管击穿。所以，二极管实际使用时承受的反向电压不应超过此值，以免发生击穿。

3．最大反向电流 I_{RM}

最大反向电流是指二极管加最高反向工作电压时的反向电流。其值大，说明二极管的单向导电性差，且受温度影响大。硅管的反向电流一般在几微安以下，而锗管的反向电流是硅管的几倍到几十倍。应特别注意，当温度升高时，反向电流会显著增加。

4．最高工作频率 f_M

最高工作频率是指二极管工作的最大频率，由于 PN 结具有电容效应，当工作频率超过这一限度时二极管的单向导电性将变差。

4.4.4 二极管的检测与选用

1．二极管的检测

将万用表调整至电阻档，分别接触二极管的两个引脚。如果显示一个较小数值（几百欧姆至几千欧姆），则该数值为正向电阻值，而反向电阻值则非常大（几十兆欧姆以上）。通过比较这两个数值，可以判断二极管的正负极。一般要求二极管的正向电阻越小越好，反向电阻越大越好。测量出的正、反向电阻值，可参照表 4-17 来判别二极管的好与坏。

表 4-17 判别二极管的好与坏

正向电阻值	反向电阻值	二极管质量
硅几百欧至几千欧	几十千欧至几百千欧	好
锗 100～1000Ω		
0	0	击穿短路
∞	∞	开路失效
正反向电阻值相近		失效

2．二极管的选择和使用

选择二极管时，应注意在使用时不能超过它的极限参数，即最大整流电流、最高反向工作电压、最高工作频率、最高结温等，并留有一定的余量。此外，还应根据不同的技术要求，结合不同的材料特点按如下原则做出选择：

1）当要求反向电压高、反向电流小、工作温度高于 100℃时应选硅管。需要导通电流大时，应选择面接触型硅管。

2）当要求导通电压降低时应选锗管；工作频率高时，应选点接触型二极管（一般为锗管）。

3）使用时应注意二极管的正、负极，二极管具有单向导电特性，如果极性接反，将起不到二极管应有的作用，严重时会造成短路等事故。

4.5　半导体晶体管

半导体晶体管有电子和空穴两种载流子参与导电，所以称为双极型晶体管，简称晶体管，是一种电流控制电流的半导体器件。它最基本的作用是放大，就是把微弱的电信号转换成幅度较大的电信号，此外还可作为无触点开关等。它结构牢固、寿命长、体积小、耗电省，是电子技术中应用最广泛的一种器件，且被广泛应用于各种电子设备中，如图 4-19 所示。

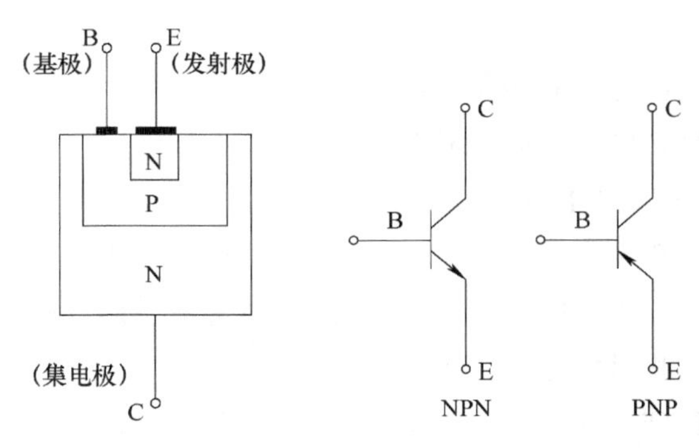

图 4-19　晶体管的结构和符号

晶体管分锗晶体管和硅晶体管两大类。锗晶体管的增益大，频率特性好，尤其适用于低电压电路；硅晶体管（多为 NPN 型）反向漏电流小，耐压高，温度漂移小，能在较高的温度下工作和承受较大的功率损耗。在电子设备中常用的小功率（功率在 1W 以下）硅管和锗管有金属外壳封装和塑料外壳封装两种，其管脚排列如图 4-20 所示。

图 4-20　常用的小功率晶体管

金属外壳封装的管壳上一般有定位销。将管底朝上从定位销起按顺时针方向三根电极依次为 E、B、C。若管壳上无定位销，只要将三根电极所在的半圆置于上方，按顺时针方向三根电极依次为 E、B、C。

大功率晶体管如图 4-21 所示，一般分为 F 型和 G 型两种。F 型晶体管从外面只能看到两根电极（E、B）在管底，底座为 C，如图 4-21b 所示；G 型晶体管的三根电极一般在管壳的顶部，电极排列如图 4-21c 所示。

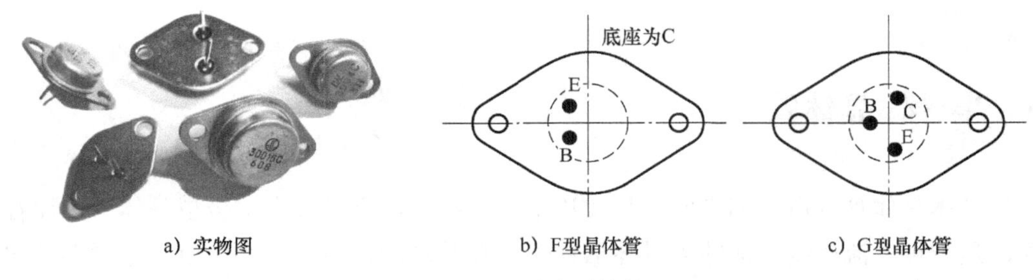

a）实物图　　b）F型晶体管　　c）G型晶体管

图 4-21　大功率晶体管

4.5.1　晶体管的种类

晶体管的种类很多，分类有多种方法。

按所用的半导体材料分，有硅管和锗管。

按结构分，有 NPN 管和 PNP 管。

按用途分，可分为低频管、中频管、高频管、超高频管、大功率管、中功率管、小功率管、开关晶体管、达林顿晶体管、高反压晶体管、带阻晶体管、带阻尼晶体管、微波晶体管、光敏晶体管和磁敏晶体管等。

按封装方式分，有玻璃壳封装管、金属壳封装管、塑料封装管等。

4.5.2　晶体管的型号命名

国产晶体管的型号命名主要由五部分组成，各部分的含义见表 4-18。

表 4-18　国产晶体管的型号命名及含义

第一部分：主称		第二部分：材料与极性		第三部分：类别		第四部分：序号	第五部分：规格号
数　字	含　义	字　母	含　义	字　母	含　义		
3	晶体管	A	锗材料	G	高频小功率管	用数字表示同一类型产品的序号	用字母 A 或 B、C 等表示同一型号器件的档次等
			PNP 型	X	低频小功率管		
		B	锗材料	A	高频大功率管		
			NPN 型	D	低频大功率管		
		C	硅材料	T	闸流管		
			PNP 型	K	开关管		
		D	硅材料	V	微波管		
			NPN 型	B	雪崩管		
		E	化合物材料	J	阶跃恢复管		
				U	光敏管（光电管）		
				J	结型场效应晶体管		

示例：硅材料 NPN 型高频小功率晶体管

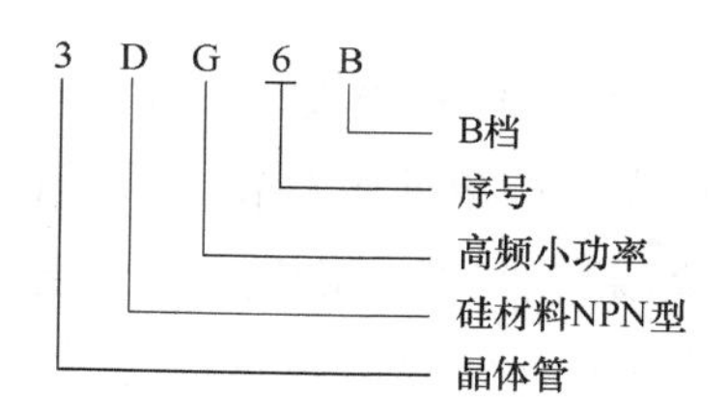

4.5.3　晶体管的主要参数

1．电流放大系数 $\overline{\beta}$ 、 $\beta\,(h_{FE})$

直流（静态）放大系数：

$$\overline{\beta}=\frac{I_C}{I_B}$$

交流（动态）放大系数：

$$\beta=\frac{\Delta I_C}{\Delta I_B}$$

实际应用中，因两者数值较为接近，常用 $\beta\approx\overline{\beta}$ 这个近似关系。常用小功率晶体管的 β 值约为 20～150，离散性较大。即使是同一型号的管子，其电流放大系数也有很大的差别。温度升高时，β 会增大，使晶体管的工作状态不稳定。所以，在选择晶体管时，选择 β 大的管子不一定合适。

2．穿透电流 I_{CEO}

穿透电流是基极开路（$I_B=0$）时的集电极电流。I_{CEO} 随温度的升高而增大。硅管的 I_{CEO} 比锗管小 2～3 个数量级。I_{CEO} 越小，其温度稳定性越好。

3．集电极最大允许电流 I_{CM}

当 β 下降到正常值的 $\frac{2}{3}$ 时对应的集电极电流为 I_{CM}。

4．集电极最大允许耗散功率 P_{CM}

耗散功率，也称集电极最大允许耗散功率 P_{CM}，是指晶体管参数变化不超过规定允许值时的最大集电极耗散功率。耗散功率与晶体管的最高允许结温和集电极最大电流有密切关系。硅管的结温允许值大约为 150℃，锗管的结温允许值为 85℃左右。

5．反向击穿电压 $U_{(BR)CEO}$

基极开路时，集电极和发射极之间允许施加的最大电压称为反向击穿电压。若 $U_{CE}>U_{(BR)CEO}$，集电结将被反向击穿。

4.5.4　晶体管的检测与选用

1．晶体管管脚极性的判别

用 R×1k 档先判定基极 b。由于 b 到 c，b 到 e 分别是两个 PN 结，它的反向电阻很大，而正向电阻很小。测试时可任意取晶体管一脚假定为基极。将红表笔接“基极”b，黑表笔分别去接触另两个管脚，如果此时测得都是低阻值，则红表笔所接触的管脚即为基极 b，并且是 P 型管（如果用上法测得均为高阻值，则为 N 型管）。如果测量时两个管脚的阻值差异很大，可另选一个管脚为假定基极，直至满足上述条件，再判定为集电极 c。对于 PNP 型晶体管，当集电极接负电压，发射极接正电压时，电流放大倍数才比较大，而 NPN 型管相反。测试时假定红表笔接集电极 c，黑表笔接发射极 e，记下其阻值，而后红黑表笔交换测试，将测得的阻值与第一次阻值相比，阻值小时的红表笔接的是集电极 c，黑表笔接的是发射极 e，而且可以判定是 P 型管（N 型管则相反）。

2．检测晶体管好坏

用万用表 R×100 档或 R×1k 档，对于 NPN 型管，将负表笔接基极，正表笔分别接集电极和发射极，测出两个 PN 结的正向电阻，应为几百欧或几千欧。然后把表笔对调再测出两个 PN 结的反向电阻，应为几十千欧或几百千欧以上。再用万用表测量集电极和发射极之间的电阻，对调表笔再测一次，两次阻值都应在几十千欧以上。这样的晶体管基本上是好的。对于 PNP 型晶体管，与上述几项测量步骤相同，但要注意把正表笔接基极。在上面测量中，如果发现 PN 结的正向电阻为无穷大，则是内部断极。如果 PN 结反向电阻为零，或者集电极与发射极之间的电阻为零，则是晶体管击穿或短路。如果 PN 结的正反向电阻相差不大，或者集电极与发射极之间的电阻很小，那么这样的晶体管基本上是坏的。

3．晶体管的选择和使用

首先根据晶体管的用途选择合适的类型，确定型号，确保在使用时不能超过它的极限参数，并应留有一定的余量。

晶体管在使用前，一定要进行性能指标的测试。可以用专门的测试仪器测试（晶体管特性图示仪），也可以用万用表测试。

晶体管在安装时，首先要正确地判断三个管脚，注意电源的极性，NPN 管的发射极对其他两极是负电位，而 PNP 管则应是正电位。

4.6 集成电路

集成电路具有体积小、功耗小、可靠性高、成本低、使用方便等优点，在自动控制、测量仪器、通信、电子计算机等科学领域得到广泛应用。

4.6.1　集成电路的分类

1. 按功能结构分类

集成电路可分为数字集成电路和模拟集成电路两大类：

（1）数字集成电路：以“开”和“关”或高、低电平两种状态代表逻辑“1”和“0”二进制数字量，并进行各种数字运算、存储、传输及转换。广泛应用在各种计算技术，自动控制数字化电路和数字计算机中。

（2）模拟集成电路：又分线性集成电路和非线性集成电路。线性集成电路输出信号随输入信号的变化成线性关系，即成比例关系，如各种类型的放大器，非线性集成电路的输出信号随输入信号不成线性关系，但也不是开关关系，如各种混频、检波、稳压电源等电路。

2. 按集成度分类

1）小规模集成电路：每片上有 10～100 个门电路。

2）中规模集成电路：每片上有 100～1000 个门电路。

3）大规模集成电路：每片上有 1000 个以上门电路。

4）超大规模集成电路：每片上门电路数超过 10 万个。

3. 按制作工艺分类

集成电路可分为半导体集成电路和膜集成电路。

1）半导体集成电路：是以单晶硅为基片制成的，又分为双极型集成电路和 MOS 集成电路两种。

2）膜集成电路：是以玻璃或陶瓷为基片制成的，又分为厚膜集成电路和薄膜集成电路两种。

4. 按导电类型不同分类

集成电路可分为双极型集成电路和单极型集成电路。

4.6.2　集成电路的型号命名法

集成电路的型号命名由五部分组成，各部分的含义见表 4-19。

表 4-19 集成电路型号命名及含义

第 0 部分：国标		第 1 部分：电路类型		第 2 部分：电路系列和代号	第 3 部分：温度范围		第 4 部分：封装形式	
字母	含义	字母	含义		字母	含义	字母	含义
C	中国制造	B	非线性电路	用数字（一般为 4 位）表示电路系列和代号	C	0～70℃	B	塑料扁平
		C	CMOS 电路				C	陶瓷芯片载体封装
		D	音响电视电路		G	−25～70℃	D	多层陶瓷双列直插
		E	ECL 电路				E	塑料芯片软体封装
		F	线性放大器		L	−25～85℃	F	多层陶瓷扁平
		H	HTL 电路				G	网络阵列封装
		J	接口电路				H	黑瓷扁平
		M	存储器		E	−40～85℃	J	黑瓷双列直插封装
		T	TTL 电路				K	金属菱形封装
		W	稳压器				P	塑料双列直插封装
		μ	微处理器		R	−55～85℃	S	塑料单列直插封装
		AD	A/D 转换器				T	金属圆形封装
		SC	通信专用电路		M	−55～125℃		
		SS	敏感电路					
		SW	钟表电路					

示例：

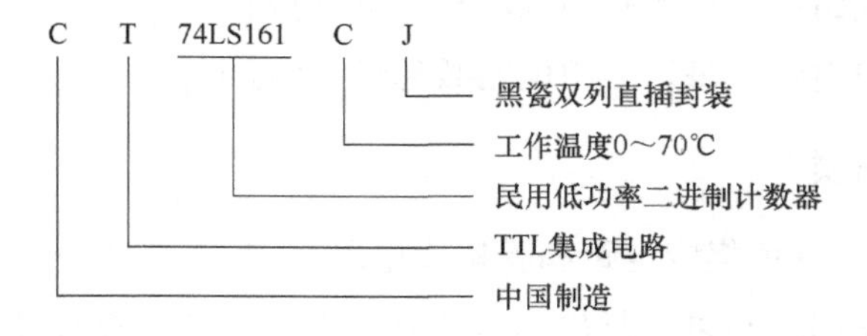

4.6.3 集成电路的主要参数

集成电路的主要参数有电源电压、耗散功率、工作温度范围等。

1. 电源电压

电源电压是指集成电路正常工作时最大允许的安全电源电压。通常，模拟集成电路的正电源电压用“$+V_D$”表示，数字集成电路的正电源电压用“$+V_{CC}$”表示，负电源电压用“$-V_{EE}$”和“$-V_D$”表示。

2. 耗散功率

耗散功率是指集成芯片在规定温度范围内正常工作时，单个器件可安全耗散的功率。这个额定值随不同的封装形式或散热条件而有所不同，陶瓷封装允许耗散的功率最大，金属封装次之，塑料封装通常最小。

3. 工作温度范围

工作温度范围是指能保证器件在额定技术指标下工作的温度范围。一般情况下军用器件的工作温度范围是−55～125℃，工业用器件的工作温度范围是−25～85℃，而商用器件的工作温度范围是 0～70℃。

除了以上参数外，集成电路还有很多参数，在此不一一列出，使用时应详细查阅集成电路手册。

4.6.4　集成电路外形和引线识别

集成电路的外形一般有三种：圆形、扁平型和双列直插型（见图 4-22）。圆形的外形与普通晶体管相似，外壳用金属制成，线性集成电路和集成稳压电源大多采用这种封装。扁平型外壳多采用陶瓷或塑料外壳封装，具有对称的电极引线，大多为数字集成电路。双列直插型集成电路采用陶瓷或塑料外壳封装，对称的两侧引线强度较大，并向下弯曲。

1. 引线识别

集成电路外引线的排列编号，以凸缘或小孔所对应的引线开始，按顺时针方向计数 1,2,3…，如图 4-22a 所示。扁平型和双列直插型在一侧一般标记有缺口或圆点，识别时可将缺口或圆点标记置于左侧，由顶部俯视，从左下方起按逆时针方向计数 1,2,3…，如图 4-22b 所示。

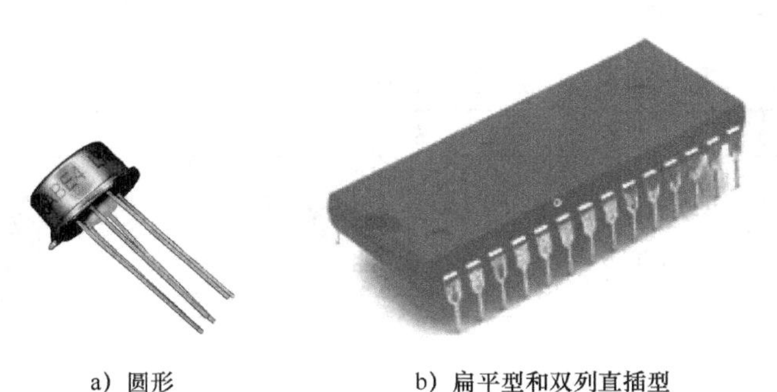

a）圆形　　b）扁平型和双列直插型

图 4-22　集成电路引线识别

2. 封装

封装（Package）是指实际元件焊接到电路板时所指示的外观和焊点的位置，是纯粹的空间概念，因此不同的元件可共用同一元件封装，同种元件也可有不同的元件封装。例如电阻，有传统的针插式，这种元件体积较大，电路板必须钻孔才能安置元件，完成钻孔后，插入元件，再过锡炉或喷锡（也可手焊），成本较高，较新的设计都是采用体积小的表面贴片式元件（Surface Mounted Device，SMD），这种元件不必钻孔，用钢膜将半熔状锡膏倒入电路板，再把元件放上，即可焊接在电路板上了。

芯片的封装已经历了好几代的变迁，从 DIP、SOP、QFP、PGA、BGA 到 MCP，技术指标一代比一代先进，耐温性能越来越好，引脚数增多，引脚间距减小，重量减小，可靠性提高，使用更加方便等。封装可谓种类繁多，而且每一种封装都有其独特之处，当然所用的封装材料、封装设备、封装技术根据需要也有所不同。下面我们对芯片的封装做一个简单的分类。

（1）根据材料分类

根据所用的材料来划分半导体器件封装形式有金属封装、陶瓷封装、金属陶瓷封装和塑料封装。

（2）根据密封性分类

按封装密封性方式可分为气密性封装和树脂封装两类。其目的都是将晶体与外部温度、湿度、空气等环境隔绝，起保护和电气绝缘作用；同时还可实现向外散热及缓和应力。其中气密性封装可靠性较高，但价格也高，目前由于封装技术及材料的改进，树脂封装占绝对优势，只是在有些特殊领域，尤其是国家级用户中，气密性封装是必不可少的。气密性封装所用到的外壳可以是金属、陶瓷玻璃，而其中气体可以是真空、氮气及惰性气体。

（3）根据外形和结构形式分类

根据外形和结构形式分类，大体上分为引脚插入型（THT）、表面贴装型（SMT）两种。这里着重介绍表面贴装型。常见集成电路（IC）芯片的封装见表 4-20。

表 4-20　常见集成电路（IC）芯片的封装

封装形式	描　述	样式举例
单列直插封装（Single Inline Package，SIP）	该类型的引脚在芯片单侧排列，引脚节距等特征与 DIP 基本相同	
双列直插封装（Dual Inline Package，DIP）	中小规模集成电路（IC）均采用这种封装形式，其引脚数一般不超过 100 个	
小外形晶体管（Small Outline Transistor，SOT）	SOT 是一种表面贴装的封装形式，一般用于小外形晶体管 SOT 系列主要有 SOT-23、SOT-223、SOT-25、SOT-26、SOT323、SOT-89 等	

（续）

封装形式	描述	样式举例
小外形封装（Small Outline Package，SOP）	SOP典型引线间距是1.27mm，引脚从芯片的两个较长的边引出，引脚的末端向外伸展 该系列有：TSOP（薄小外形封装）、VSOP（甚小外形封装）、SSOP（缩小型SOP）、TSSOP（薄的缩小型SOP）及SOT（小外形晶体管）、SOIC（小外形集成电路）	SOP SSOP TSSOP
四边引脚扁平封装（Quad Flat Package，QFP）	由SOP发展而来，其外形呈扁平状，引脚从四个侧面引出，呈海鸥翼（L）型 该系列有：PQFP（塑料四边引脚扁平封装）、TQFP（薄四边引脚扁平封装）	
J形引脚小外形封装（Small Out-Line J-Leaded Package，SOJ）	引脚从封装主体两侧引出向下呈J字形，故此得名	
无引脚芯片载体（Leadless Chip Carrier，LCC）	指陶瓷基板的四个侧面只有电极接触而无引脚的表面贴装型封装 该系列有：CLCC（陶瓷无引线芯片载体）、PLCC（塑料有引线芯片载体）	
QFN封装（Quad Flat No-leads Package，QFN）	无引脚封装，适用于低功耗和小型化芯片，具有良好的散热性和可靠性	
球阵栅阵列封装（Ball Grid Array，BGA）	也称球形触点阵列。在印制基板的背面按阵列方式制作出球形凸点代替引脚，正面装配LSI芯片，然后用模压树脂或灌封方法进行密封	
针栅阵列封装（Pin Grid Array，PGA）	封装底面垂直阵列布置引脚插脚，如同针栅。插脚节距为2.54mm或1.27mm，根据引脚数目的多少，可以围成2～5圈，插脚数可多达数百脚。多用于高速的大规模和超大规模集成电路	

4.6.5 集成电路的检测方法

集成电路常用的检测方法有以下三种。

1. 非在线测量

集成电路未焊入电路前，通过测量其各引脚之间的直流电阻值与已知正常同型号集成电路各引脚之间的直流电阻值进行对比，以确定其是否正常。

2. 在线测量

在线测量法是将集成电路焊入电路后利用测量电压、电流及电阻的方法，将测量的结果与正常值比较，来判断该集成电路的好坏。在测量电阻值时要进行正反两次测量，即先用红表笔接地，黑表笔接被测端，测得一个结果；再用黑表笔接地，红表笔接被测端，测得另一个结果，将这两个测量结果同时与正常值比较，来找出异常部位。

3. 代换法

代换法是用已知完好的同型号、同规格集成电路来代换被测集成电路，可以判断出该集成电路是否损坏。

第5章 焊　接

焊接是电子产品生产中重要的技术，也是电子产品制造的重要环节。手工焊接是传统的焊接技术，虽然工业化生产的电子产品已经较少采用手工焊接了，但是其在电子产品实验、调试、维修过程仍然应用非常广泛。手工焊接看起来简单，但错误的操作方法将影响焊点质量，甚至影响整机的性能。因此正确和熟练掌握手工焊接是电子技工不可缺少的基本技能。

5.1 焊接基本知识

常见的焊接技术主要有加压焊（加热或不加热）、熔焊（被焊器件熔化）、钎焊（焊料熔化，被焊器件不熔化）。在电子工业中，几乎各种焊接方法都要用到，但使用最普遍、最具有代表性的是锡焊。

锡焊是钎焊的一种，它将熔点比焊件（如铜引线、印制电路板的焊盘）低的焊料（锡合金）、焊剂（一般为松香）和焊件共同加热到一定的熔焊温度（200～360℃），在焊件不熔化的情况下，焊料熔化并浸润焊盘，依靠扩散形成焊点，使得焊件相互牢固连接。

锡焊又分为手工烙铁焊、波峰焊和回流焊等。

5.1.1 焊接工具

为了提高焊接效率和焊接质量，焊前要准备好电烙铁、镊子、剪刀、斜口钳和尖嘴钳等工具。

1. 电烙铁

电烙铁是电子制作和电器维修的必备工具，它主要用来焊接电子元件和导线。选择合适的烙铁，并熟练地使用，是保证焊接质量的基础。

（1）电烙铁的分类

电烙铁种类很多，按照加热方式可分为直热式、感应式。根据发热能力又分为大功率电烙铁和小功率电烙铁，有 20W、30W、60W、200W 等。从功能分又有单用式、两用式、调温式等。

最常用的是直热式电烙铁，按机械结构又可分为内热式电烙铁和外热式电烙铁两种，实物图如图 5-1 所示。

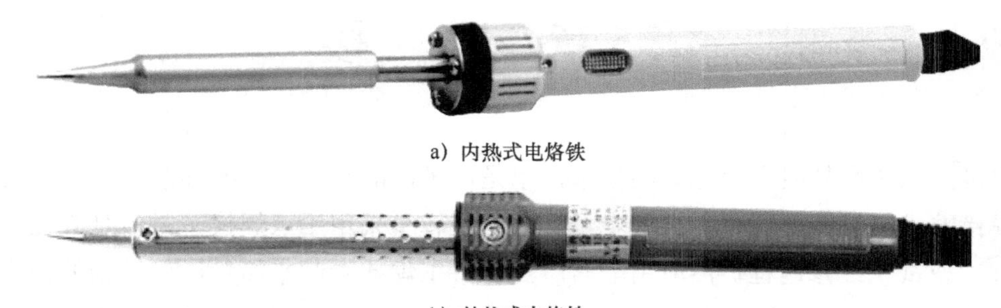

a）内热式电烙铁

b）外热式电烙铁

图 5-1　电烙铁实物图

（2）电烙铁的结构

电烙铁主要由加热体、烙铁头、手柄、插头、外壳等部分组成，如图 5-2 所示。

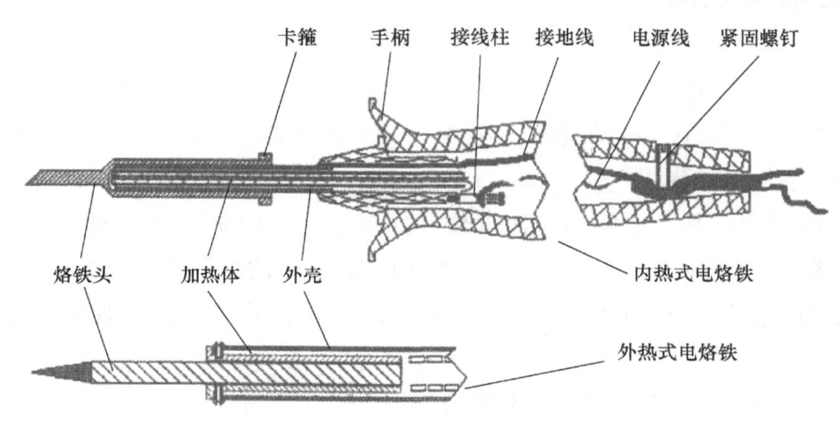

图 5-2　电烙铁的结构

① 加热体又称烙铁芯，是将电能转换为热能的器件。

② 作为热量存储和传递的烙铁头，一般用铜制成，常见的形状有圆锥、马蹄形、尖锥形、刀式等，以适应不同的焊接场合，如图 5-3 所示。

图 5-3　常见烙铁头

③ 手柄一般用木料或塑料制成。

④ 接线柱是加热体与电源线的连接处，如图 5-2 所示。

内热式与外热式主要区别在于烙铁芯与烙铁头的空间位置。内热式的加热体包在烙铁头的内部，受空间的限制，其发热体较小，所以内热式的电烙铁一般功率不大，常见的为 20～30W，如图 5-4a 所示。内热式电烙铁具有预热时间短、发热效率较高、重量轻、操作方便、更换烙铁头容易、价格便宜等优点。电子器件的焊接一般选用内热式电烙铁。

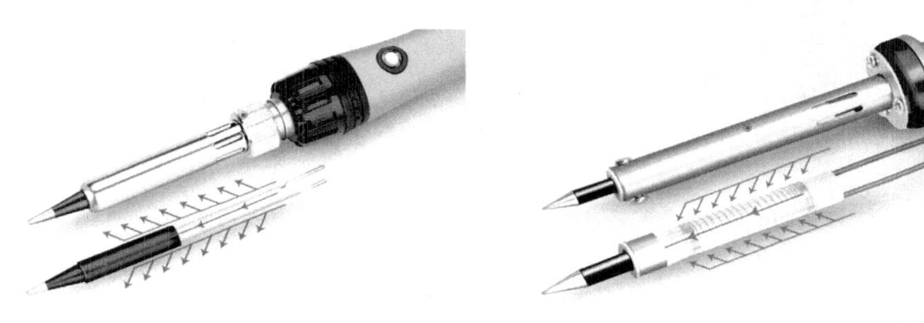

a）内热式加热体　　b）外热式加热体

图 5-4 加热体

外热式电烙铁的加热体在烙铁头的外部，如图 5-4b 所示，其发热体不受空间的限制可以做得较大，因此电烙铁的功率也可以做得较大，达到几百瓦，如图 5-5 所示。外热式电烙铁的烙铁头长短可以调整，烙铁头越短，烙铁头的温度就越高。焊接金属底板或者比较大的器件，可以选择 60～300W 的外热式电烙铁。

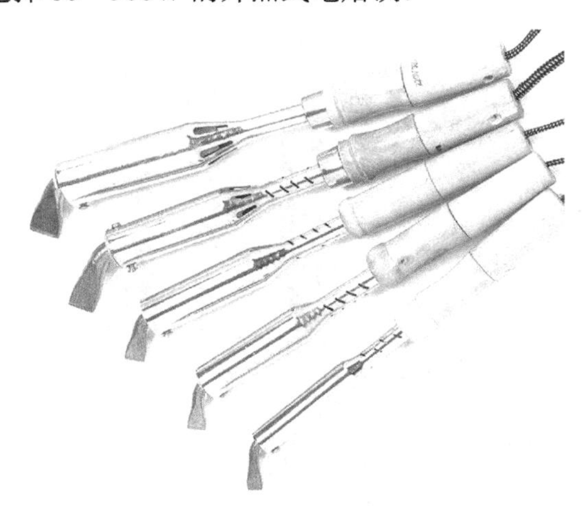

图 5-5 大功率外热式电烙铁

（3）其他电烙铁

① 恒温电烙铁的烙铁头内装有磁铁式的温度控制器，来控制通电时间从而实现恒温，如图 5-6a 所示。在焊接温度不宜过高、焊接时间不宜过长的电子元件时，应选用恒

温电烙铁。

② 吸锡电烙铁是将活塞式吸锡器与电烙铁合为一体的拆焊工具，它具有使用方便、灵活、适用范围广等优点，如工厂流水线、大规模拆焊点等，可提高维修效率，不足之处是每次只能对一个焊点进行拆焊，如图 5-6b 所示。

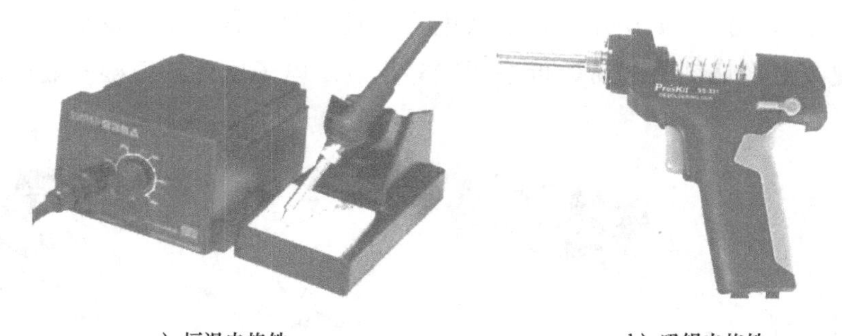

a）恒温电烙铁　　b）吸锡电烙铁

图 5-6　其他常见电烙铁

2．吸锡器

当更换电子元件或修整焊点时，通常需要把焊盘上旧的焊点清除掉，尤其是大规模集成电路较为难拆，拆不好容易破坏印制电路板，造成不必要的损失，这时就必须借助吸锡器来完成拆焊。

吸锡器有手动和电动两种，常见的是手动式的，它的吸嘴通常采用耐高温塑料，其外形如图 5-7 所示。具体使用在 5.3 节中介绍。

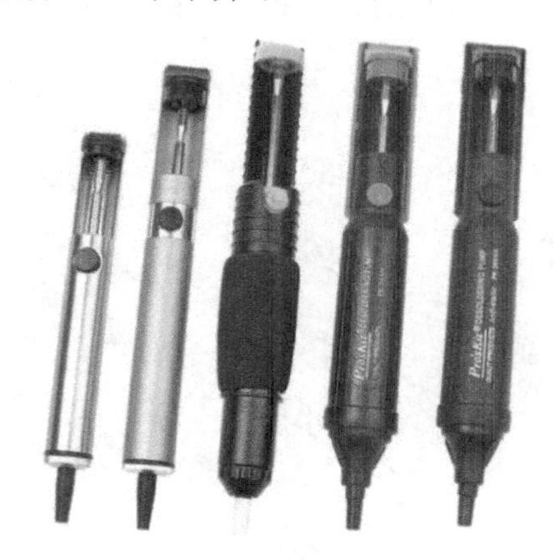

图 5-7　吸锡器

3．其他常用工具

烙铁座是用来放置电烙铁的架子，它的构造很简单，一个底座加上一个安置烙铁的弹簧式套筒或铁筒。底座上的凹槽用来放置高温海绵（海绵使用时要沾水保持潮湿状态），如图 5-8a 所示，焊接过程中用海绵来擦拭烙铁头，使其保持清洁。

除了高温海绵，烙铁头清洁球（铜丝球）也可以用来清除烙铁头上的氧化物和焊锡，无须加水使用，清洁烙铁时温度只会下降 2～3℃，清洁后可以马上焊接，焊接工序流畅，焊点效果好，如图 5-8b 所示。

镊子用于夹持导线、元件、电路板及集成电路引线等。不同的场合需要不同的镊子，一般要准备标准尖头、扁平头、弯尖头镊子各一把，用完后必须使其保持清洁。为了方便焊接操作，常选用偏口钳、尖嘴钳和小刀等辅助工具，如图 5-8c～f 所示。

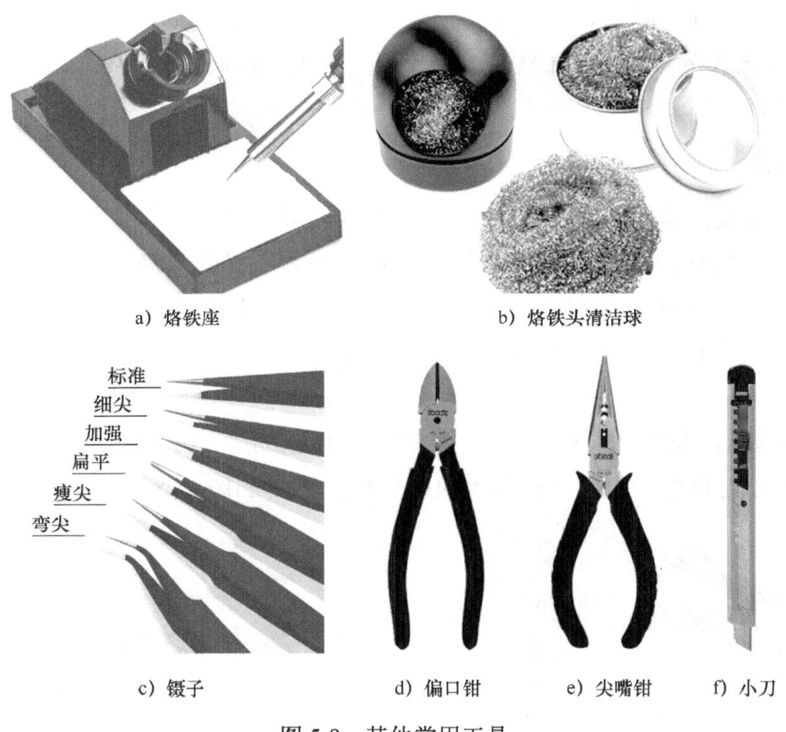

a）烙铁座　b）烙铁头清洁球

c）镊子　d）偏口钳　e）尖嘴钳　f）小刀

图 5-8　其他常用工具

5.1.2　焊料和助焊剂

1. 焊料

焊料是易熔金属，它的熔点低于被焊器件，按焊料成分分类，有锡铅焊料、无铅焊料、银焊料等，在一般电子产品装配中主要使用锡铅焊料和无铅焊料。

锡铅焊料是由锡和铅组成的合金。锡的质地柔软、延展性大，熔点为 230℃左右，常温下化学性能稳定，抗空气腐蚀能力强，不易氧化，金属光泽明亮。铅的熔点为 330℃左右，高纯度的铅耐空气腐蚀能力强，化学稳定性好。锡中加入一定比例的铅或其他少量金属，可制成熔点低、流动性好、对元件和导线的附着力强、机械强度高、导电性好的焊料。

共晶焊锡是由 63%的锡和 37%的铅组成的，其熔点是 180℃左右，具有良好的流动性和浸润性，且亮度高。

无铅焊锡符合欧盟环保要求提出的 RoHS 标准。焊锡由锡、铜、银等做成，其中铅含量为 1000PPM 以下。常用的无铅焊锡丝是由 99.3%的锡和 0.7%的铜组成，其熔点 230℃左右，建议选择 50W 以上的电烙铁。

常见的焊锡材料有锡丝、锡条、锡膏等形式，其中焊锡丝主要用于各种电气、电工、电子焊接等，如图 5-9 所示。常见的锡丝有 0.5mm、0.8mm、1.0mm、2.0mm 等不同线径。根据线径粗细不同，焊接时要调整电烙铁的功率或温度。

由于焊锡丝成分中重金属铅占一定比例，因此焊接时须戴手套，或焊接后认真洗手，避免误食。

2．助焊剂

助焊剂主要是用来清除焊接器件表面上的氧化层，可以使焊锡和器件更好地结合。焊接器件表面的氧化层无法用传统溶剂清洗时，必须依赖助焊剂与氧化层起化学作用，才能被清除干净。并且助焊剂在焊接加热熔化后漂浮在焊料表面，包围金属的表面，形成隔离层，从而防止了焊接面的氧化。助焊剂还可降低熔融焊锡的表面张力，有利于焊锡的浸润。

助焊剂主要有无机助焊剂、有机酸助焊剂和树脂助焊剂，如松香、松香酒精溶液、焊膏等，其中松香是电子电路制作常用的助焊剂，如图 5-10 所示。

图 5-9　常见锡丝

图 5-10　松香

使用助焊剂时，必须根据被焊器件的面积大小和表面状态适量使用，用量过小影响焊接质量，用量过多则焊剂残留会腐蚀元件或者使电路板绝缘性能变差。

5.1.3　电烙铁的选用

1．选用烙铁头

烙铁头的形状要适应焊接器件大小和产品装配密度的要求，常见的烙铁头类型见表 5-1。

表 5-1　常见烙铁头

名　称	特　　点	应用范围	图　　示
尖锥形	烙铁头尖端细小	适合精细的焊接，或焊接空间狭小的情况，也可以修正焊接芯片时产生的锡桥	
圆锥形	烙铁头形状修长	适合通用焊接，无论焊点大小，均可使用圆锥形烙铁头前端进行焊接	
一字形	用前端扁平部分进行焊接	适合需要多锡量的焊接，例如焊接面积大、粗端子、焊垫大的焊接环境	
马蹄形	用烙铁头前端斜面部分进行焊接	适合需要多锡量的焊接，例如焊接面积大、粗端子、大焊盘的焊接环境	
刀形	使用刀形部分焊接，采用竖立式或拉焊式焊接	适用于集成芯片、电源、接地部位元件、修正锡桥、连接器等焊接，属于多用途烙铁头	

2. 电烙铁的功率选择原则

烙铁头的顶端温度要与焊料的熔点相适应，一般要比焊料熔点高 30～80℃（不包括在电烙铁头接触焊接点时下降的温度）。

电烙铁热容量要恰当。烙铁头的温度恢复时间要与被焊器件表面的要求相适应。温度恢复时间是指在焊接周期内，烙铁头顶端温度因热量散失而降低后，再恢复到最高温度所需时间。它与电烙铁功率、热容量以及烙铁头的形状、长短有关。

1）焊接集成电路、晶体管及其他受热易损件的元件时，考虑选用 20W 内热式或 30W 外热式电烙铁。

2）焊接较粗导线及同轴电缆时，考虑选用 50W 内热式或 60～75W 外热式电烙铁。

3）焊接较大元件时，如金属底盘接地焊片，应选 100W 以上的外热式电烙铁。

3. 电烙铁使用前处理

新烙铁使用前，先通电加热，然后蘸上松香，再把烙铁头上均匀地镀上一层锡，这样可以易于焊接，且防止烙铁头表面氧化。旧的烙铁头如果氧化严重而发黑，可用细砂纸轻轻磨去表层氧化物，使其露出金属光泽后，重新镀锡可继续使用。烙铁头属于易耗品，当其因氧化和腐蚀而影响焊接时，要及时更换。

4. 注意事项

电烙铁要用 220V 交流电源，使用时要特别注意安全。应认真做到以下几点：

1）电烙铁插头最好使用三极插头，确保外壳正确接地。

2）使用前应认真检查电源插头、电源线有无损坏，并检查烙铁头是否松动。

3）电烙铁使用中，不能用力敲击，要防止跌落。烙铁头上焊锡过多时，可用清洁球或海绵擦掉。不可乱甩，以防烫伤他人。

4）焊接过程中，电烙铁不可到处乱放。不进行焊接时应放在烙铁架上。注意电源线不要搭在烙铁头上，以防烫坏绝缘层而发生事故。

5）电烙铁长时间不焊接或者使用结束后，应及时切断电源，拔下电源插头。电烙铁冷却后，再将其收回工具箱。

5.2 焊接基本技能

不是所有的金属材料都可以用锡焊实现连接的，只有部分金属有较好的可焊性，一般铜及其合金、金、银、锌、镍等具有较好的可焊性，而铝、不锈钢、铸铁等可焊性很差，需要特殊焊剂及方法才能锡焊。

5.2.1 焊前处理

1. 清洁元件

焊接前首先对电子元件引线，或对电路板的焊盘进行处理，除掉上面的锈和油渍等，保持焊接部位清洁，如图 5-11a 所示。可用小刀或剪刀刮去引线表面的氧化层，使引线露出原本的金属光泽。印制电路板可用细砂纸将焊盘轻轻打磨光亮后，涂上一层松香或其他助焊剂。

2. 预上焊锡

元件清洁后，再预上焊锡，即在刮净的元件引线上镀上一层锡，将引线蘸一下松香等助焊剂，用带锡的热烙铁头压在引线上，将元件旋转 360°，使引线均匀地镀上一层薄薄的锡，如图 5-11b 所示。导线焊接前应将绝缘外皮剥去，经过上面处理，才能正式焊接。若是多股金属丝的导线，打光后应拧在一起再镀锡。

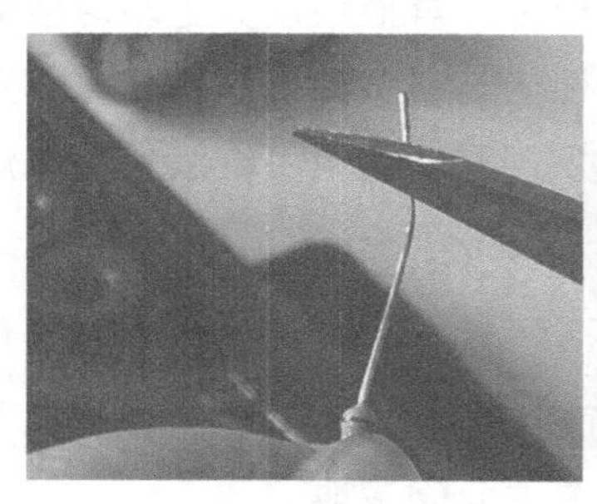

a）清除焊接部位的氧化层

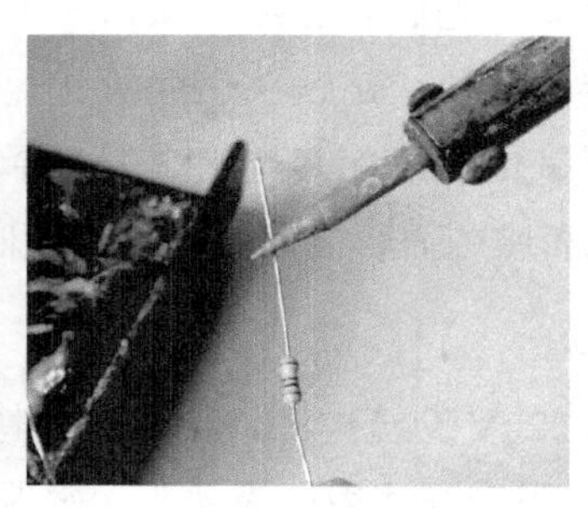

b）引线镀锡

图 5-11　焊接前处理

3. 元件引线加工成形

为了便于安装和焊接，提高装配质量和效率，增强电子设备的防振性和可靠性，在安装前，根据安装位置和技术要求，要预先把元件引线弯曲成一定的形状，这就是元件的引线成形，如图 5-12 所示。

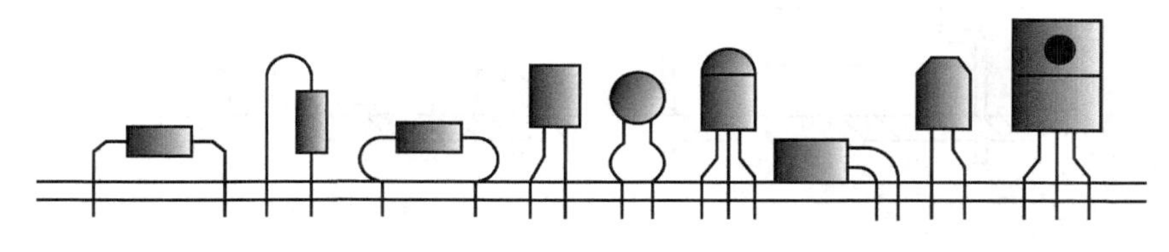

图 5-12　元件引线成形

手工焊接对于元件的成形和元件在电路板上安插位置高低都有一定的要求。

（1）元件引线成形的要求

为了防止引线在成形时从元件根部拆断或把引线从元件内拉出，要求从元件弯折处到引线连接根部的距离应大于 1.5mm，如图 5-13 所示。

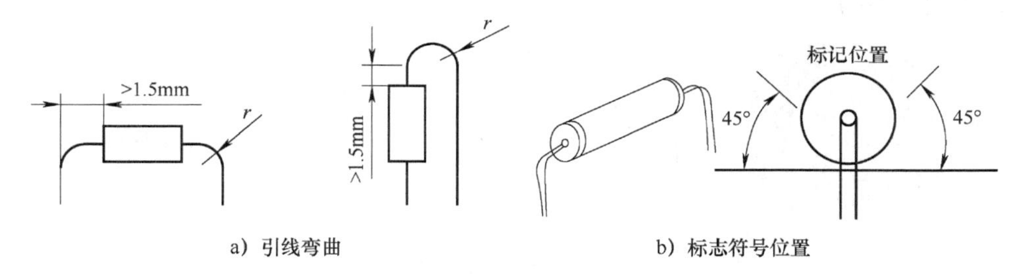

a）引线弯曲　　b）标志符号位置

图 5-13　引线成形

引线弯折处不要弯成直角，而要弯成圆弧状。水平安装时，元件引线弯曲半径 r 应大于两倍引线直径。立式安装时，引线弯曲半径 r 应大于元件体的外半径，如图 5-13a 所示。

弯折元件时要注意，在弯折元件引线成形后，应保证元件的标志符号、元件上的标称数值处在便于查看的方位上，如图 5-13b 所示。

（2）元件引线成形的方法

元件引线的成形方法有两种，一种是手工成形，另一种是专用模具或专用设备成形。

手工成形所用工具就是镊子和带圆弧的长嘴钳，用镊子和长嘴钳夹住元件根部，弯折元件引线，形成一个圆弧。

对于大批量的元件成形，一般采用专用模具或专用设备进行元件成形。在模具上有供元件插入的模具孔，再用成形插杆插入成形孔，使元件引线成形。

4．元件插装

（1）悬空与贴板插装

悬空插装适用范围广，利于散热，但插装较复杂，须控制一定高度以保持美观一致，如图 5-14a 所示。悬空高度一般取 2～6mm。

贴板插装的安装稳定性好，插装简单，但不利于散热或者对某些安装位置不适合，如图 5-14b 所示。

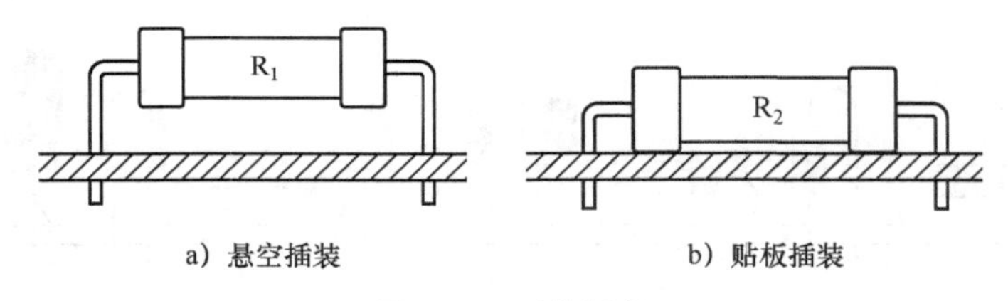

图 5-14　元件插装

插装元件时应首先保证图纸中安装工艺要求，其次按实际安装位置确定。在无特殊要求时，只要位置允许，一般常采用贴板插装。

（2）安装方向

元件安装时应保持字符标记方向一致，便于查看，如图 5-15 所示，元件安装方向采用符合阅读习惯的方向。

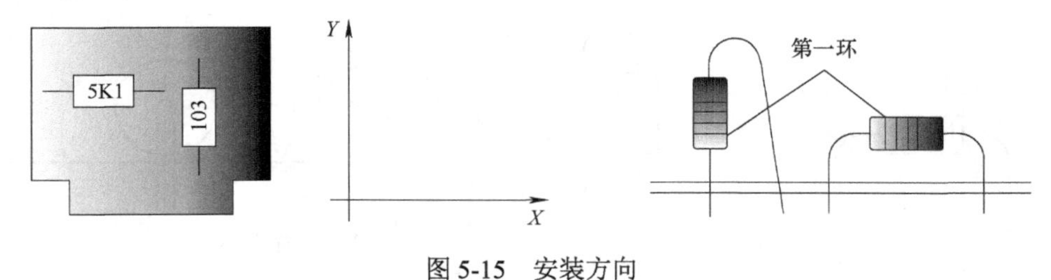

图 5-15　安装方向

（3）弯折处理

为防止印制电路板翻过来焊接时插入的元件掉落，可对引线进行弯折处理，如图 5-16 所示。

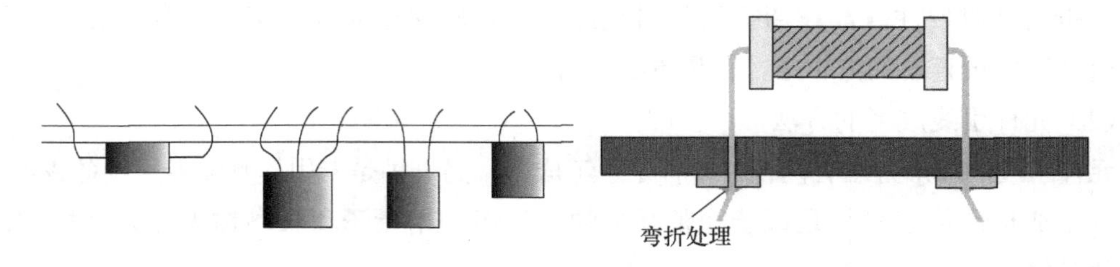

图 5-16　弯折处理

注意安装时不要触碰元件引线和印制电路板上的焊盘，以免影响焊接质量。

5.2.2　焊接操作

1．电烙铁的握法

电烙铁的握法有反握法、正握法和握笔法 3 种，见表 5-2。

表 5-2 电烙铁的握法

名 称	说 明	图 示
反握法	用五指把电烙铁柄握在掌内。此法适用于大功率电烙铁，焊接散热量大的被焊件	
正握法	适用于较大的电烙铁，弯形烙铁头一般也用此法	
握笔法	用握笔的方法握电烙铁，此法适用于小功率电烙铁，焊接散热量小的被焊件，如焊接收音机、电视机的印制电路板及其维修等	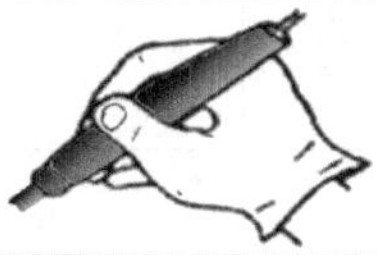

2. 焊锡丝的拿法

焊锡丝一般有正拿法和握笔法两种，如图 5-17 所示。正拿法适于连续焊接时的操作，锡丝露出 50～60mm。握笔法适于断续焊接时的操作，锡丝露出 30～50mm。

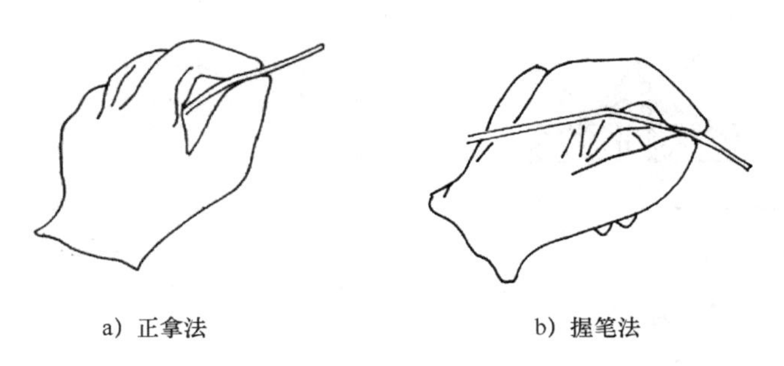

a）正拿法　　b）握笔法

图 5-17 焊锡丝的拿法

3. 锡焊的基本步骤

五步法是一种高效的焊接方法，作为初学者应熟练掌握，其具体步骤见表 5-3。

表 5-3 锡焊的基本步骤

步 骤	图 示	说 明
第一步	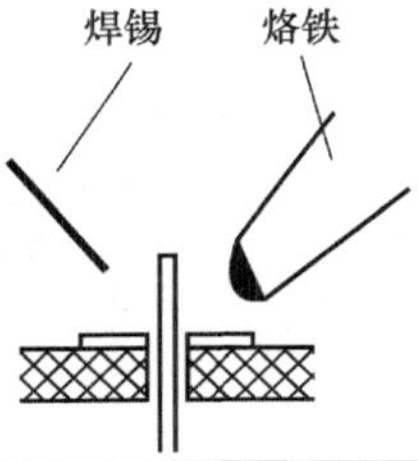 焊锡　烙铁	准备好焊锡丝和烙铁（烙铁头部要保持干净），沾上焊锡，此步骤俗称吃锡

（续）

步　骤	图　示	说　明
第二步		将烙铁接触焊接点，要保持烙铁全面加热焊件各个部分，如，印制电路板上的引线和焊盘都应受热。让烙铁头的扁平部分（较大部分）接触热容量较大的焊件，烙铁头的侧面或边缘部分接触热容量较小的焊件，以便使焊件均匀受热
第三步		当焊件加热到能熔化焊料的温度时，将焊丝置于焊点上，焊料开始熔化并润湿焊点
第四步		当熔化一定量的焊锡后，将焊锡丝移开；烙铁继续停留1～2s，使焊料充分熔化，可以自由流动，从而包住焊盘和器件的引线
第五步		当焊锡完全润湿焊点后移开电烙铁，注意移开烙铁的方向应该是大致45°的角度

4．注意事项

1）选择合适的焊料和焊剂。

2）掌握焊接的温度和时间。

3）焊点在凝固前，器件引线不要晃动。

5．焊接后处理

1）用斜口钳或者剪刀剪去多余引线，注意不要对焊点施加剪切力以外的其他力，如图5-18所示。

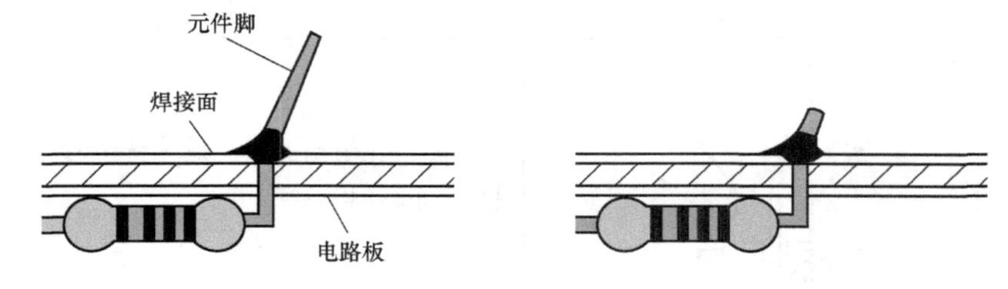

图5-18　剪去多余引线

2）根据工艺要求选择清洗液清洗印制电路板。一般情况下使用松香焊剂后印制电路板不用清洗。

3）检查印制电路板上所有元件引线焊点，修补缺陷。

5.2.3　焊点质量及检查

在单面和双面（多层）印制电路板上，焊点的形成是有区别的。如图 5-19 所示，在单面板上，焊点仅形成在焊接面的焊盘上方。但在双面板或多层板上，熔化的焊料不仅浸润焊盘上方，还由于毛细作用，渗透到金属化孔内，焊点形成的区域包括焊接面的焊盘上方、金属化孔内和元件面上的部分焊盘，如图 5-19 所示。

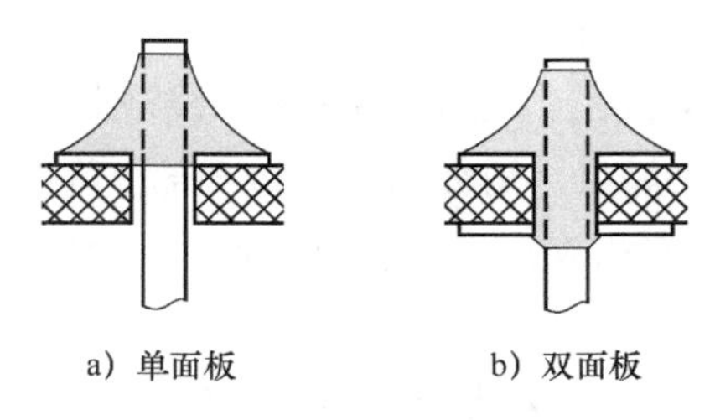

图 5-19　焊点的形成

通常一个电子产品的焊点数量远远多于器件的数量，在产品的故障中，有将近一半是由于焊接不合格引起的。然而要从一台有成千上万个焊点的电子设备里找出引起故障的焊点是非常不容易的，因此不良焊点是电路可靠性的重大隐患，必须尽量避免，进行手工焊接操作时尤其要加以注意。

1. 典型焊点的外观

从外表直观看，首先，典型焊点的形状为近似圆锥而表面稍微凹陷，呈慢坡状，以焊接导线为中心，对称呈裙形展开，如图 5-20 所示。而虚焊点的表面往往向外凸进，可以很容易地鉴别出来。

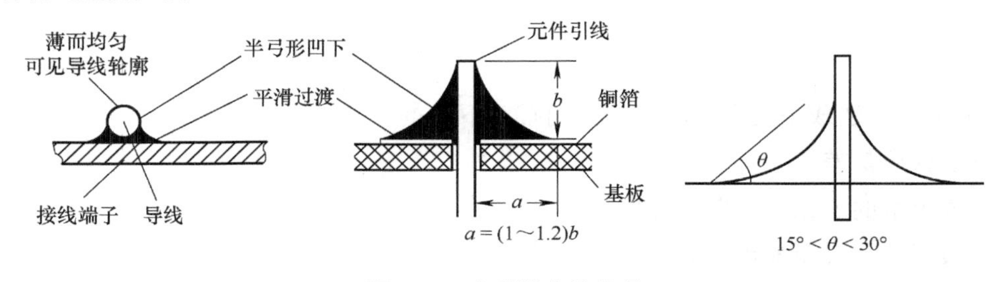

图 5-20　典型焊点的外观

其次，在焊点上，焊料的连接面呈凹形自然过渡，焊锡和焊件的交界处平滑，接触角尽可能小。

2. 对焊点的要求

1）焊点应具有良好的导电性，即焊料与被焊金属表面相互扩散形成合金。

2）焊点应具有一定的强度，即具有一定的抗拉强度和抗冲击韧性。

3）焊料的用量要适当，焊料过少会导致机械强度不足，易造成虚焊；过多则会产生浪费，并造成焊点相连和掩盖焊接缺陷。

4）焊点表面应平滑，有良好的光泽。

5）焊点不应有毛刺、空隙、气泡、夹渣等。

6）焊点表面要保持清洁，残留物或污垢会给焊点带来隐患。

3. 不良焊点

常见的不良焊点有以下几种情况。

1）焊点短路，即不应该焊接在一起的，或者不同线路上的焊点连在一起了，如图 5-21a 所示。解决的方法是重新加热焊点，用吸锡器吸掉一部分焊锡。

2）偏锡或虚焊，即焊点偏孔或元件脚松动，如图 5-21b 所示。解决的方法是重新焊接一次。

3）焊点晶粒粗化或拉尖，即毛刺焊点，如图 5-21c 所示。

4）包焊，即球形焊点，如图 5-21d 所示。

5）翘铜皮，即焊点与板面脱离，如图 5-21e 所示。

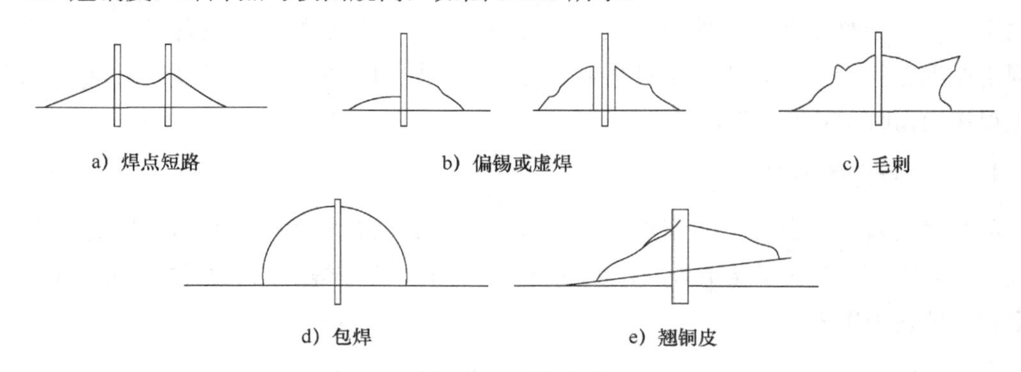

图 5-21　不良焊点

一般来说，造成不良焊接的主要原因有以下几点。

1）焊锡质量差。

2）助焊剂的还原性不良或用量不够。

3）被焊接处表面未预先清洁好，镀锡不牢。

4）烙铁头的温度过高或过低，表面有氧化层。

5）焊接时间掌握不好，太长或太短。

6）焊接中焊锡尚未凝固时，焊接元件松动。

5.3　拆焊操作

在调试、维修电子设备的过程中经常需要更换一些元件，前提是要把原先的元件拆下来。如果拆焊的方法不当，不仅会破坏印制电路板，还可能使换下来但并没有失效的元件无法重新使用。

1. 拆焊原则

拆焊的步骤一般与焊接的步骤相反。拆焊前一定要仔细观察原焊点的特点，不要轻易动手。

1）拆焊时不可损坏拆除的元件、导线以及原焊接部位的结构件。

2）拆焊时不可损坏印制电路板上的焊盘与印制导线。

3）对已判断为损坏的元件，可先将引线剪断，再进行拆除，这样可减小其他损伤的可能性。

4）在拆焊过程中，应尽量避免影响到其他元件或变动其位置。若确实需要，则要做好复原工作。

2. 拆焊要点

（1）严格控制加热的温度和时间

拆焊的加热时间和温度较焊接时间更长、更高，所以要严格控制温度和加热时间，以免将元件烫坏或使焊盘翘起、断裂。可以采用间隔加热法进行拆焊。

（2）拆焊时不要用力过猛

在高温状态下，元件封装的强度都会下降，尤其是对塑封器件、陶瓷器件、玻璃端子等，过分用力地拉、摇、扭都会损坏元件和焊盘。

（3）吸去拆焊点上的焊料

拆焊前，可利用吸锡工具吸除焊料，有时可以直接将元件拔下。即使还有少量锡连接，也可以减少拆焊的时间，降低元件及印制电路板损坏的风险。如果在没有吸锡工具，则可以将印制电路板或能够移动的部件倒过来，用电烙铁加热拆焊点，利用重力作用让焊锡自动流向烙铁头，也能达到部分去锡的目的。

3. 拆焊方法

对于电阻、电容、二极管和晶体管等引线较少的元件，可用烙铁直接解焊。首先把印制电路板竖起来，然后固定住，一边用烙铁加热熔化待拆元件的焊点，一边用镊子或尖嘴钳夹住元件引线轻轻拉出，如图 5-22a 所示。

在一个焊点上多次拆焊，反复加热焊盘会导致焊盘脱落，造成印制电路板的损坏。

在多次更换的情况下，可用断线更换元件的方法，如图 5-22b 所示。

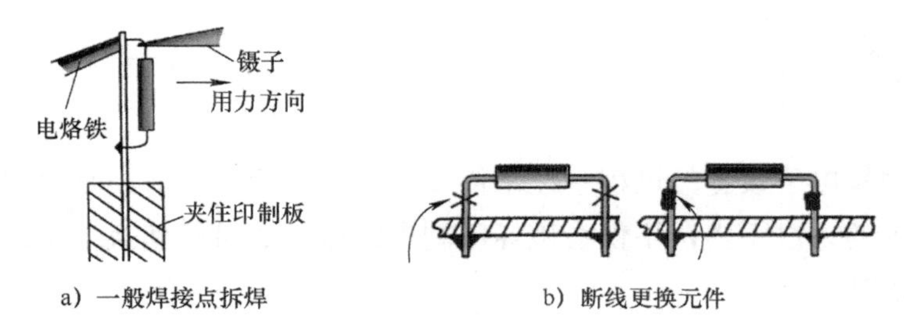

图 5-22 拆焊

4. 利用吸锡器进行拆焊

在拆焊过程中，吸锡器是非常有用的，既可拆下待换的元件，又不堵塞焊孔，而且不受元件种类限制。吸锡器须逐个焊点除锡，并且要及时排除吸入的焊锡。操作步骤如下：

1）手动式吸锡器里面有一个弹簧，使用时先把吸锡器末端的滑杆压下。

2）用烙铁对焊点加热直到焊点上的焊锡熔化。

3）把吸锡器靠近焊点，按下吸锡器侧面的按钮，吸锡器就会靠弹簧的力量瞬间将液态锡吸入。

4）如果吸不干净的话，可以重复上述步骤多次。如图 5-23 所示。

图 5-23 吸锡器拆焊

吸锡器头部采用耐热塑料制成，使用久了还是会变形的，因此在购买吸锡器时要注意这个部分是不是可以更换。吸锡器在使用一段时间后必须清理，否则内部活塞或头部吸入孔会被焊锡卡住。清理方式因吸锡器的不同而有所区别，大部分都是将吸锡器头拆下来进行清理。

5. 利用热风枪进行拆焊

热风枪可同时对所有焊点进行加热，待焊点熔化后取出元件。对于表面安装元件，用热风枪进行拆焊效果最好，用此方法拆焊的优点是拆焊速度快，操作方便，不易损伤元件和印制电路板上的焊盘，如图 5-24 所示。

图 5-24　热风枪

6．利用吸锡带进行拆焊

吸锡带一般是用铜丝编织的线缆。在表面贴装元件的手工焊接和拆焊中应用较多，例如在拆焊芯片过程中，芯片取下以后，电路板上还会有大量的焊锡，这会影响芯片的焊接。通常采用吸锡带清理，或者在焊接芯片时用来吸掉芯片引线之间过多的焊锡。操作步骤如下。

1）将吸锡带浸上松香水贴到焊点上，如图 5-25a 所示。

2）用烙铁头加热吸锡带，缓缓移动烙铁头，通过吸锡带将热传到焊点熔化焊锡。

3）焊点熔化后被锡吸带吸入，进而将焊点拆开，或者会把多余的焊锡清理干净，如图 5-25b 所示。在没有专用工具和吸锡烙铁时，这种方法简便易行，且不易烫坏印制电路板。

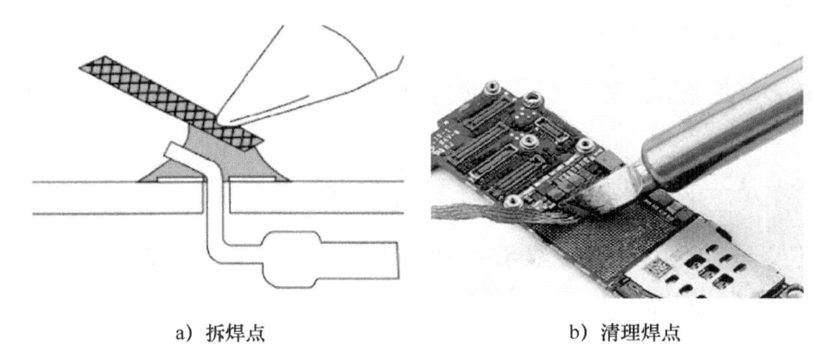

a）拆焊点　　b）清理焊点

图 5-25　用吸锡带拆焊

5.4　电烙铁的使用注意事项

在使用电烙铁进行焊接时，为了确保操作安全和效率，同时延长电烙铁及配件的使用寿命，操作时请务必严格遵守以下注意事项。

1）使用电源时要小心，防止触电。

2）操作电烙铁时要细心，防止被烫伤。

3）使用电烙铁时，勿将加热的电烙铁对着他人，防止意外烫伤。

4）用潮湿干净的海绵清洁烙铁头时，海绵切忌用水过量，否则烙铁温度会急速下降，锡渣就不容易落掉，水量也不宜太少，否则海绵会被烧焦。

5）每次使用完烙铁，首先用潮湿的海绵把烙铁头清理干净，再将烙铁头沾一下焊锡。这样可以避免烙铁头氧化，防止烙铁头不沾锡。

6）拖拽焊接时要选择特殊的烙铁头。

7）要将焊锡丝直接接触到焊点与引线的连接点，焊接时焊锡丝不能直接接触烙铁头。

8）平时要注意保护烙铁头，尽量使用低温烙铁头，因为烙铁头温度越高，越容易氧化。

9）更换烙铁头时应把烙铁电源关闭，确保烙铁头与手柄接触良好后，再打开电源。

10）正确选用助焊剂，助焊剂的主要目的是去除电路板、元件引线和烙铁头上的氧化物，使焊接更牢靠，但它对烙铁头也有损伤，尤其是活性度较高的助焊剂。

11）在焊接时要爱惜器材，焊料要节约使用。

12）焊接完毕后，关掉电源，整理工具和器材，清理操作台，保持整洁。

5.5 实训——万用表的制作

5.5.1 万用表的焊接

在正式展开实训之前，先介绍一下数字万用表的几个关键特色，为后续实践操作奠定基础。

图 5-26 所示是一款 $3\frac{1}{2}$ 位数字万用表。$3\frac{1}{2}$ 位指此表液晶读数的最大显示是 1999。其中，3 代表个位、十位、百位可以显示 0～9 的数字；1/2 代表千位只能显示 0 和 1，因此也被称作“三位半”，如图 5-26 所示。

此表可以测量交直流电压、直流电流、电阻、二极管压降以及晶体管电流放大倍数。

1．焊接前检查

（1）辨认和清点元器件

根据元器件清单仔细辨认和清点盒内所有的元器件，查看有无缺失现象。

（2）粗测元器件

使用普通万用表对包装盒内的电阻元件、电容元件、电池、熔丝等进行测量检查，观察其数值是否与元件清单上元件的数值大致相符。

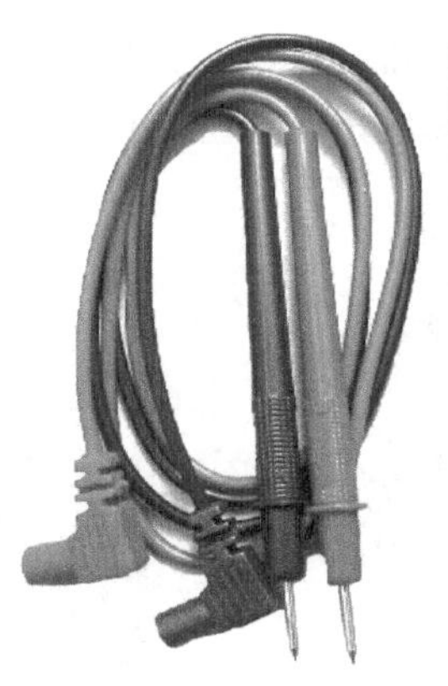
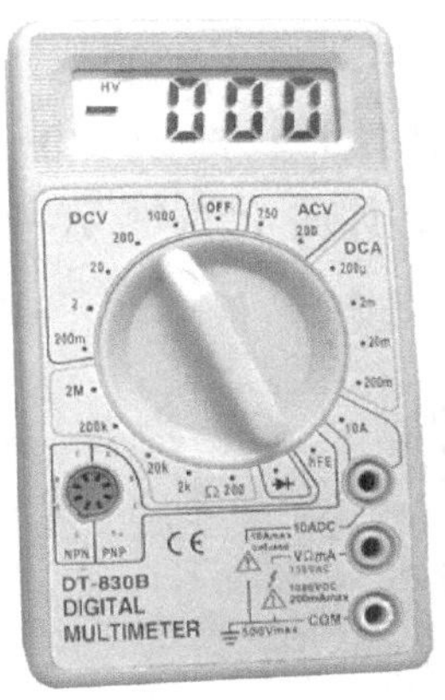

图 5-26 $3\frac{1}{2}$ 位数字万用表

2. 焊接电路板

将电阻、电容、二极管和晶体管都放置在一个纸条上，如图 5-27 所示。元件焊接次序如下：先焊接电阻、电容、二极管、晶体管、微调电阻 201；再焊接三个表笔线插座和晶体管测试插座（八脚插座）；最后焊接分流电阻、熔丝插座和电池引线。

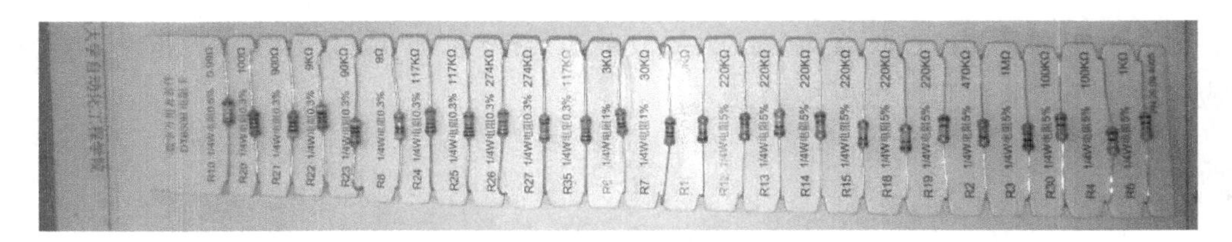

图 5-27 电阻等器件

万用表电路板如图 5-28 所示。电路板正面上的器件标号和纸条上的标号一一对应，绝大部分器件在正面插装，反面焊接。焊接时取一个器件，进行成形，安装焊接。

a）电路板正面

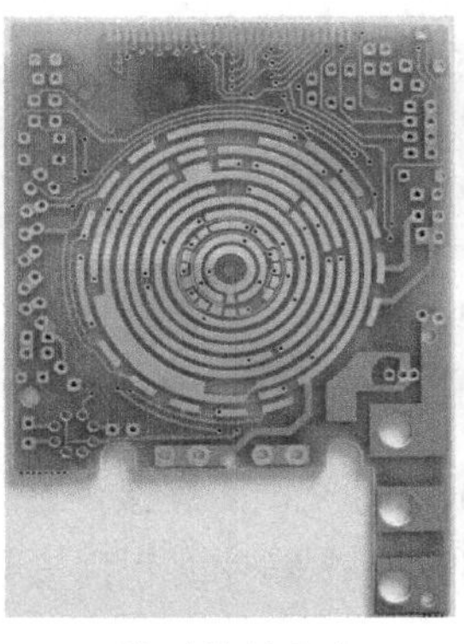

b）电路板反面

c）焊接参考

图 5-28 万用表电路板

电阻要插装规范，立式安装，高矮一致，排列美观，如图 5-29a 所示。二极管有白色圈的一端为负极，安装时要注意方向，如图 5-29b 所示。晶体管的安装应注意根据元件形状对应 PCB 的图形安装，如图 5-29c 所示。

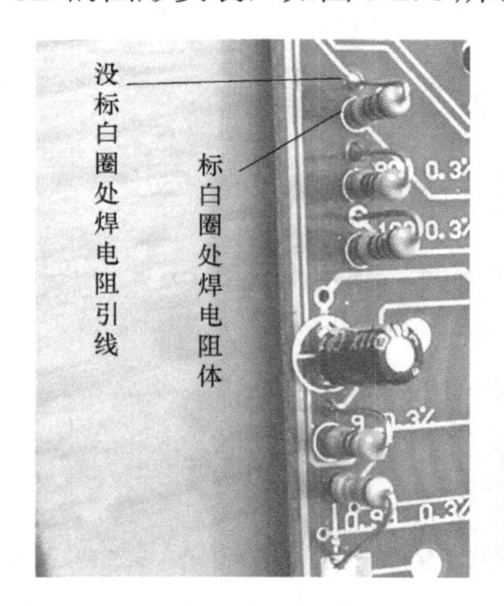

a）电阻的直立安装

b）二极管的焊接

c）晶体管的焊接

图 5-29　焊接注意事项

蓝色插座用于测量晶体管电流放大倍数，其具有 8 个引脚，且引脚有次序，其安装对应于表壳预留的孔洞，如图 5-30 所示。

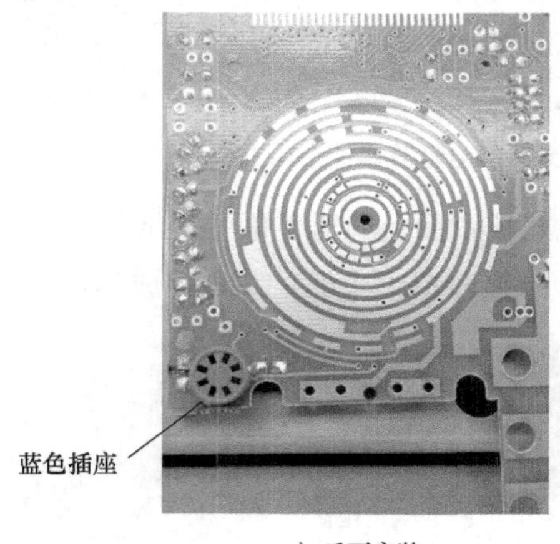

a）反面安装

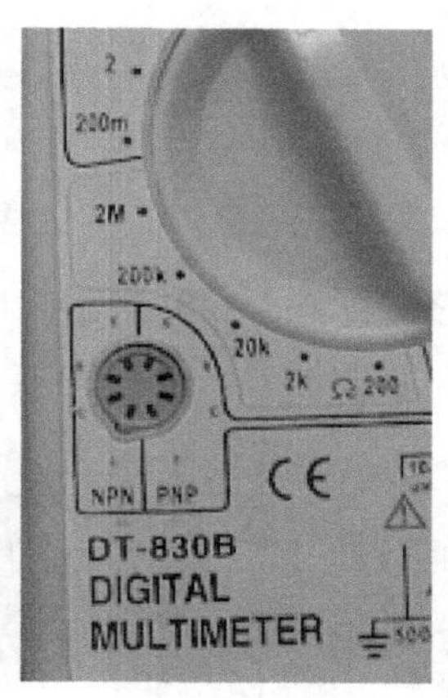

b）引脚次序

图 5-30　晶体管插座的安装

插座应在电路板反面安装、在电路板正面焊接，注意引脚次序不要安装错误。

3 个表笔线的插座和分流电阻这 4 个器件要正面安装且正面焊接，表笔插座焊接时应悬空且垂直安装，均匀地焊上一层饱满的焊锡。焊接分流电阻应预上锡，可以保证焊接可靠。熔丝夹有挡片，安装时要确保挡片朝外，如图 5-31a 所示。

电源线焊接时要将其穿过过孔再焊接，以减轻其所受的拉拽力量。

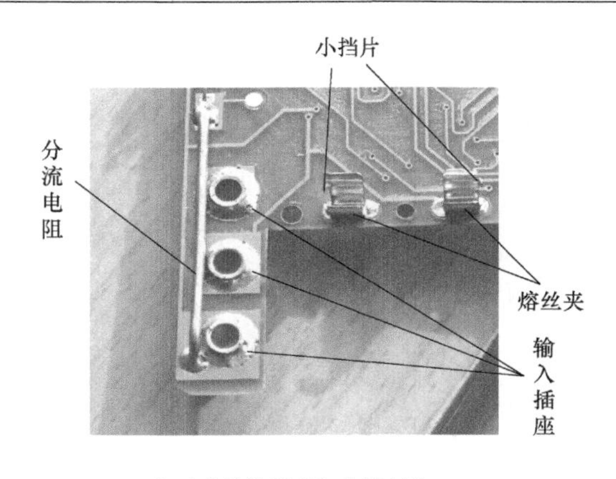

a）表笔线的插座和分流电阻

b）电源线焊接

图 5-31　表笔线的插座、分流电阻、电源线焊接

5.5.2　万用表的安装

焊接完成之后进行安装，逐一安装液晶显示屏和档位旋转开关，固定 PCB，装上熔丝和电池。

1．液晶显示屏的安装

放入液晶显示屏及导电胶条，放入导电胶条时一定要用镊子，以免手部污渍沾染到导电胶条上，影响导电效果，甚至使液晶显示屏显示出错，如图 5-32a、b 所示。安装好导电胶条后，为了防止其倒下，需要再安装卡子将其固定，如图 5-32c 所示。

a）用镊子安装导电胶条　b）导电胶条的安装位置　c）安装固定卡子

图 5-32　液晶显示屏和导电胶条的安装

液晶显示屏安装完成后的效果如图 5-33 所示。

2．旋钮的安装

档位旋钮接触铜片如图 5-34 所示，折成了 90°且中间有一条缝隙。

图 5-33　正确安装

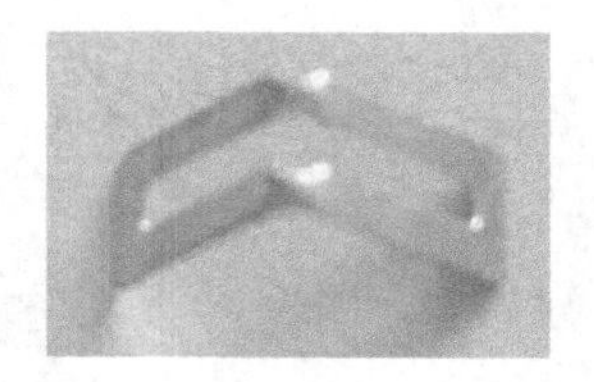

图 5-34　档位旋钮接触铜片

图 5-35 是万用表档位旋钮，其反面有 6 条凸起的棱，如图 5-35a 中 6 个箭头所指，把 6 个接触铜片分别安装到凸起的棱上，安装时一定要用镊子，从左往右一片片地装，如图 5-35b 所示。

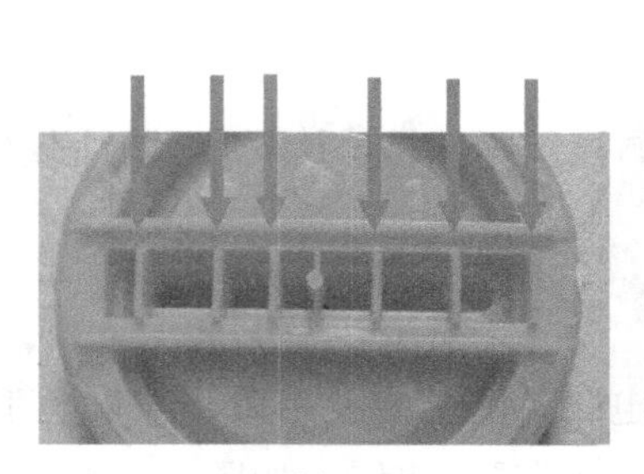

a）旋钮反面

b）安装接触片

图 5-35　安装档位旋钮接触铜片

旋钮的正面如图 5-36a 所示。首先安放黑色小弹簧，如图 5-36b 所示，然后在弹簧上放置小钢珠，如图 5-36c 所示。注意：弹簧和钢珠要涂上少量润滑脂（凡士林），这样即使晃动弹簧和钢珠也不容易脱落。

a）旋钮正面

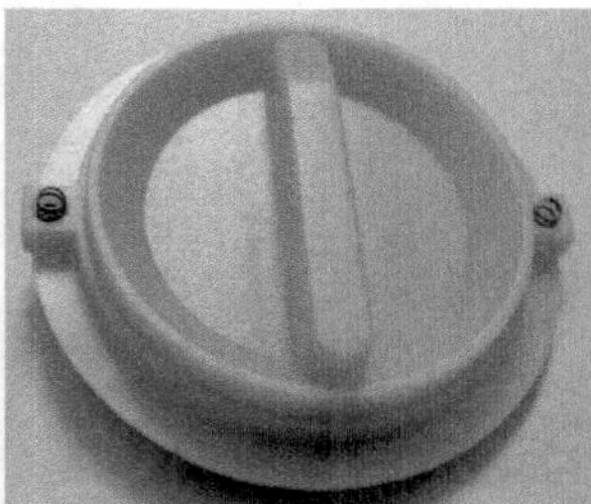

b）安装弹簧

c）安装小钢珠

图 5-36　档位旋钮的正面安装

3．外壳和旋钮的组合

把旋钮与前外壳组装在一起，组装后里侧和外侧的效果如图 5-37b 所示。

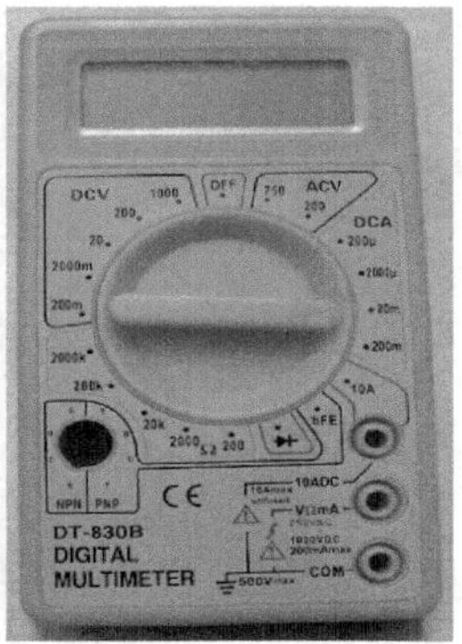

a）里侧　　b）外侧

图 5-37　旋钮与前外壳组合

4．电路板的安装

电路板焊接完成后，如图 5-38a 所示。电路板有三个螺孔，安装小螺钉时应循环均匀拧紧固定，保证电路板可以和液晶屏接触良好，如图 5-38b 所示。旋到电压档位可以看见液晶屏显示 000，如果七段数码显示不全，检查一下是否螺钉未拧紧，或液晶屏和电路板之间未接触好，如图 5-38c 所示。

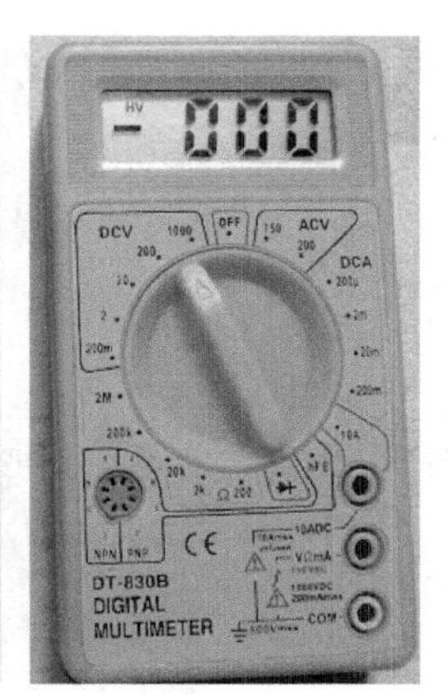

a）焊接后电路板　　b）安装电路板　　c）正确显示

图 5-38　安装电路板

5.5.3　万用表的校准

选择万用表的直流电压 20V（DCV 20V）档位，插好表笔线，如图 5-39a 所示。利用直流电源的 3.00V 电压作为参考电压，进行校准时，用平口螺钉旋具轻轻地、慢慢地旋转电路板左上角蓝色的调节电位器，如图 5-39b 所示。让万用表的读数也为 3.00V，如图 5-39c 所示。

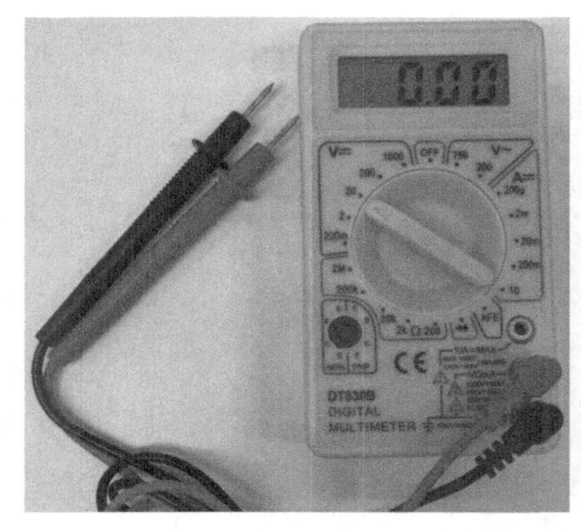

a）直流20V档位

b）调节电位器

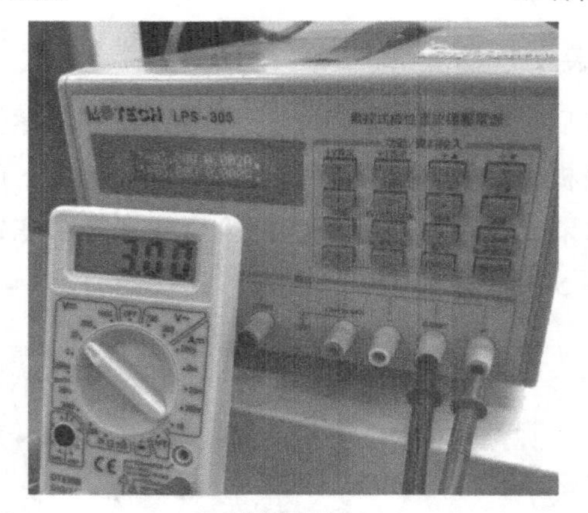

c）调整读数为3.00V

图 5-39　万用表的校准

校准后可以安装后外壳，拧紧两个大螺钉，如图 5-40 所示。

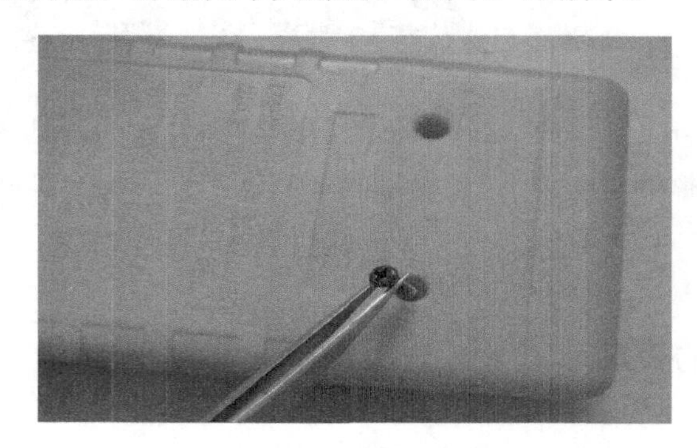

图 5-40　安装后外壳

第6章　表面贴装技术

20世纪90年代开始兴起的表面贴装技术（Surface Mounted Technology，SMT），使得电子组装技术从元器件到安装方式、从电路板设计到焊接方法都以全新面貌出现。SMT技术的出现，使得电子产品体积缩小、重量变轻、功能增强、可靠性提高，极大地推动了电子信息产业的高速发展。

6.1　SMT基础知识

6.1.1　电子组装技术的发展

20世纪70年代，集成电路的广泛应用促进了电路组装技术的第一次变革——通孔插装技术（Through Hole Technology，THT）的兴起和发展，出现了半自动和全自动插装以及浸焊和波峰焊接技术。

20世纪90年代开始应用的表面贴装元器件动摇了THT的“统治地位”，引发了电路组装技术的第二次变革——表面贴装技术（Surface Mounted Technology，SMT）的蓬勃发展。SMT是一种将微型化的无引线或短引线元器件直接贴焊到印制电路板（Printed Circuit Board，PCB）上的电子安装技术，已经在很多领域取代了传统THT，并且这种趋势还在发展，预计未来90%以上电子产品将采用SMT。

SMT工艺技术的特点可以通过其与THT的比较来体现。THT是将元器件安置在PCB的一面，并将其引脚焊在另一面上。这种安装方式，元器件需要占用大量的空间，不但要为每只引脚钻孔，引脚占用两面的空间，而且焊点也比较大。图6-1是THT与SMT的比较。

a）THT

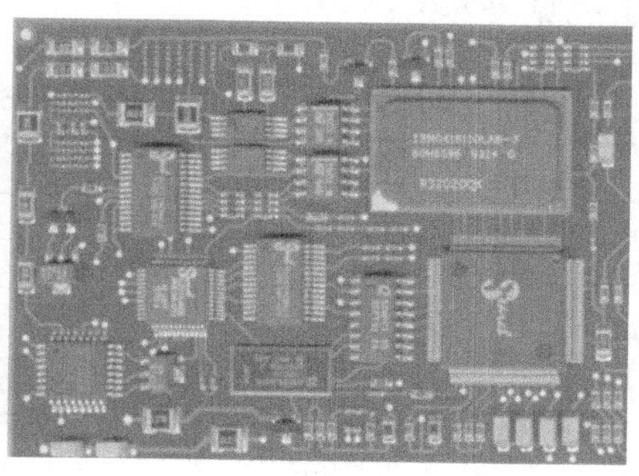

b）SMT

图6-1　THT与SMT的比较

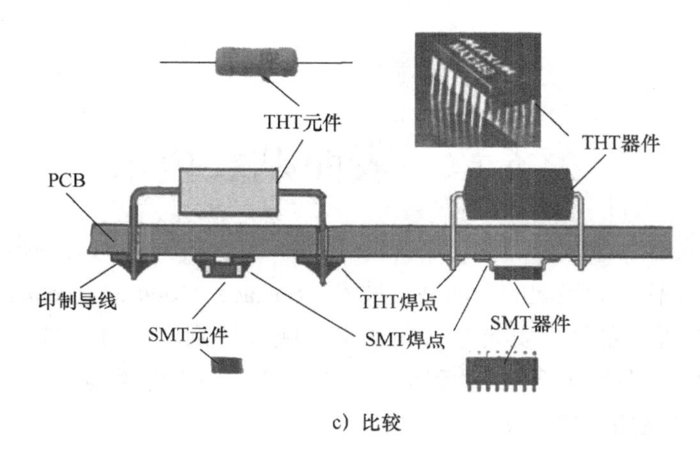

c）比较

图 6-1　THT 与 SMT 的比较（续）

从组装工艺技术的角度看，SMT 和 THT 的根本区别是“贴”和“插”，除此之外二者的差别还体现在基板、元器件、组件形态、焊点形态和组装工艺方法各个方面，具体见表 6-1。

表 6-1　THT 与 SMT 的区别

名　称	年　代	代表元器件	安装基板	安装方法	焊接技术
通孔安装（THT）	20 世纪 70 年代	晶体管，轴向引线元件	单、双面 PCB	手工/半自动插装	手工焊、浸焊
	20 世纪 80 年代	单、双列直插 IC	单面及多层 PCB	自动插装	波峰焊、浸焊、手工焊
表面安装（SMT）	20 世纪 90 年代开始	SMC、SMD 片式封装 VSI、VLSI	高质量 SMB	自动贴片机	波峰焊、再流焊

6.1.2　SMT 简介

SMT 技术包含的内容很多，如 SMT 设计、SMT 材料、SMT 工艺和 SMT 管理等，基本组成见表 6-2。

表 6-2　SMT 技术

技　术	组　成	构成要素
SMT 技术	材料基础	元器件 SMC/SMD
		印制电路板（PCB）
		锡膏
	工艺与设备	点胶/印刷
		贴片
		焊接 波峰焊/再流焊
		清洗

（续）

技　　术	组　　成	构 成 要 素
SMT 技术	工艺与设备	检测
		返修
	SMT 设计	整体设计/ DFX/EMC
	SMT 管理	企业资源/质量/设备/工艺

1．SMT 设计

SMT 设计是整个 SMT 生产技术的第一道工序，是质量和效率的前提，遵循的原则是：任何一种设备在开始就要保证产品具有良好的生产可行性，无缺陷焊接。

2．焊接材料

焊锡膏简称锡膏或焊浆，是一种满足 SMT 工艺要求的膏状焊接材料，如图 6-2 所示。

图 6-2　焊锡膏

焊锡膏的金属粉末通常由锡、铅、银等按一定比例组成。助焊剂由黏结剂、溶剂、活性剂、触变剂及其他添加剂组成，它在焊锡膏从丝网印刷到焊接的整个工艺流程中起着重要的作用。通常情况下，焊锡膏由 90%（按重量计）的金属和 10%的助焊剂组成。表 6-3 列出了焊锡膏的基本成分及其配合比例。

表 6-3　焊锡膏成分与配比

原　材　料		配比（%）	功　　效
金属合金		85～92	组件与电路板间电气性和机械性的结合
助焊剂	松香	2～8	给以黏性、黏着力，金属氧化物的去除
	黏着剂	1～2	防止下滴，防止焊料表面氧化
	活性剂	0～1	金属氧化物的去除
	溶剂	1～7	给以黏性，印刷性的调整

锡膏需保存在 0～10℃的冰箱里冷藏，否则会影响锡膏性能，储存时间一般不超过 6 个月。

从冰箱取出的锡膏在恢复到室温前，切勿拆开容器或搅拌膏体，需经过 4～12h 的自然回温；如未回温完全就使用锡膏，会冷凝空气中的水汽，印刷锡膏过程在 21～25℃、35%～65%温湿度环境下作业最好，不可有冷风或热风直接对吹。锡膏使用前一般需要搅拌均匀。没有使用完的锡膏不要再放回容器与未使用的锡膏混合在一起。

加热时，锡膏里面的有机助焊剂等材料先挥发，然后焊料再熔化，浸润焊盘和元器件，冷却后将它们牢固黏在一起，起固定和导电的作用。

3. 表面贴装元件

表面贴装元件（Surface Mounting Component，SMC）是表面贴装所用的元件，可以分为无源元件和有源元件。一般用 SMC 泛指无源表面安装元件总称，用 SMD（Surface Mounting Device）泛指有源表面安装元件。表面贴装元件其特点是体积小、重量轻、组装密度高，其体积和重量只有传统插装元件的 1/10 左右，包括电阻器、电容器、集成芯片等，常见的如图 6-3 所示。

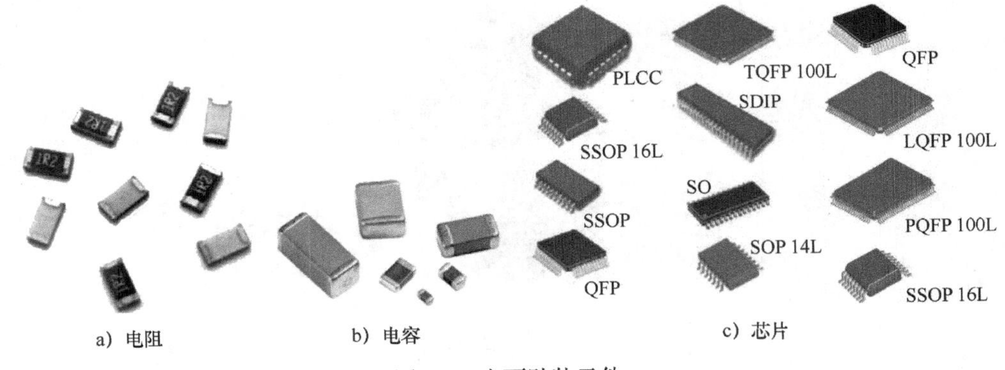

图 6-3　表面贴装元件

（1）分类

按其功能可分为无源元件、有源元件，具体见表 6-4。

表 6-4　表面贴装元件的分类

种　类		矩　形	圆　柱　形
片式无源元件	片式电阻器	厚膜、薄膜电阻器、热敏电阻器	碳膜、金属膜电阻
	片式电容器	陶瓷电容器、云母电容器、铝电解电容器、钽电解电容器	陶瓷电容器、固体钽电解电容器
	片式电位器	电位器、微调电位器	—
	片式电感器	绕线电感器、叠层电感器、可变电感器	绕线电感器
片式有源器件	小型封装二极管	塑封稳压、整流、开关、齐纳、变容二极管	整流、开关、变容二极管
	小型封装晶体管	塑封 PNP、NPN 晶体管、塑封场效应管	—
	小型集成电路	扁平封装、芯片载体	—

（2）封装

应用最广泛的表面贴装元件是片状电阻和电容，它们封装是用长×宽来表示，以英寸

（in）为单位（1in≈25.4mm），常见的尺寸有 1206、0805、0603、0402 等，如 0805 是 0.08 in×0.05in，约为 2mm×1.25mm。具体见表 6-5。

表 6-5　常见的片状电阻和电容的封装

英制/in	公制/mm	具体公制尺寸/mm
1206	3216	3.2×1.6
0805	2012	2.0×1.2
0603	1608	1.6×0.8
0402	1005	1.0×0.5
0201	0603	0.6×0.3
01005	0402	0.4×0.2

电阻和电容的标称值常用三位数字表示，前两位为有效数值，第三位是 10 的幂。普通电容器的单位是 pF ，电阻的单位为 Ω，如图 6-4 中的 103 电阻，103 代表 10×10^3=10000，即大小为 10kΩ。当有小数时，用 R 或 P 表示，如，图中的 30R9 就是 30.9Ω。

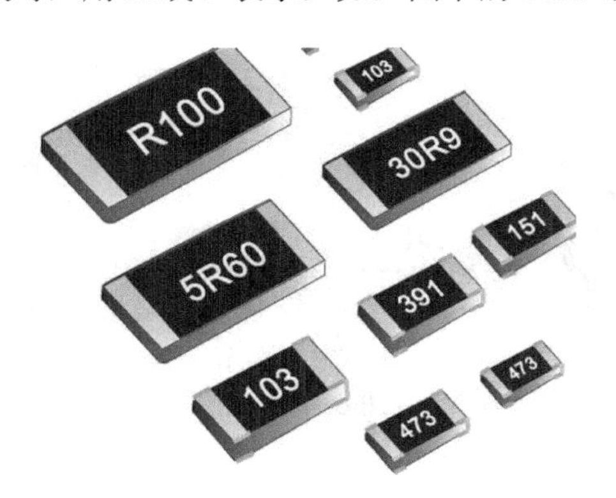

图 6-4　电阻的标称值

4．SMT 工艺及设备简介

图 6-5 是 SMT 生产线的示意图，其特点是大批量生产，生产效率高。典型的表面贴装工艺分为以下三步。

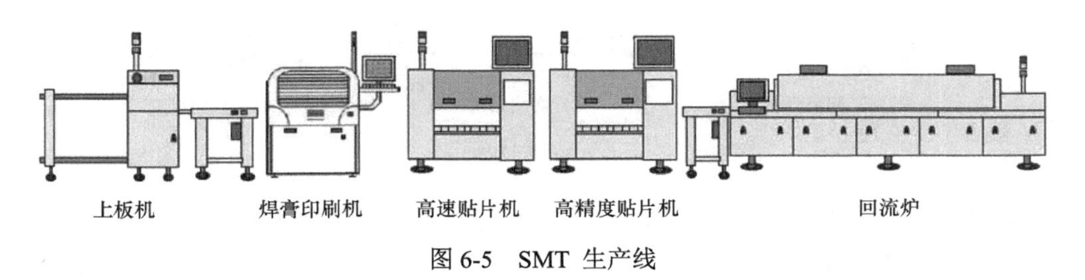

图 6-5　SMT 生产线

（1）印刷

印刷机位于 SMT 生产线的最前端，其作用是将焊膏漏印到 PCB 的焊盘上，为元器件的焊接做准备，如图 6-6 所示。

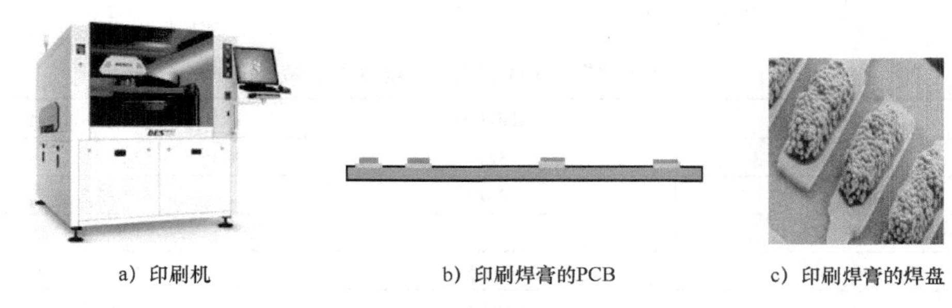

a）印刷机　　b）印刷焊膏的PCB　　c）印刷焊膏的焊盘

图 6-6　印刷焊膏

（2）贴装

在 SMT 生产线中，贴片机位于印刷机的后面，其作用是将表面组装元器件准确安装到 PCB 的固定位置上，如图 6-7 所示。

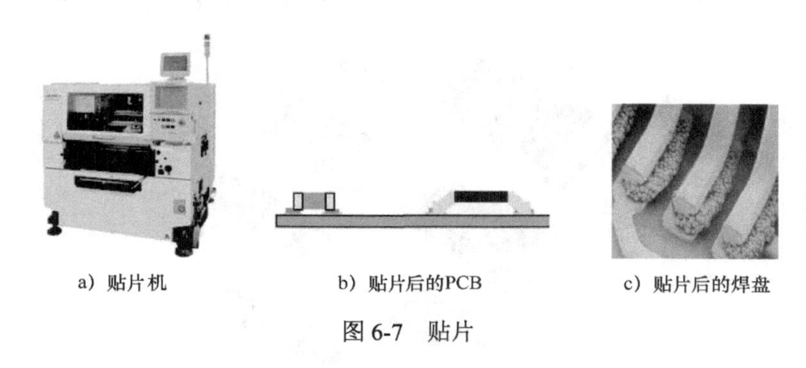

a）贴片机　　b）贴片后的PCB　　c）贴片后的焊盘

图 6-7　贴片

（3）回流焊接

回流焊接机位于贴片机的后面，其作用是将焊膏熔化，使表面组装元器件与 PCB 板牢固黏接在一起，如图 6-8 所示。

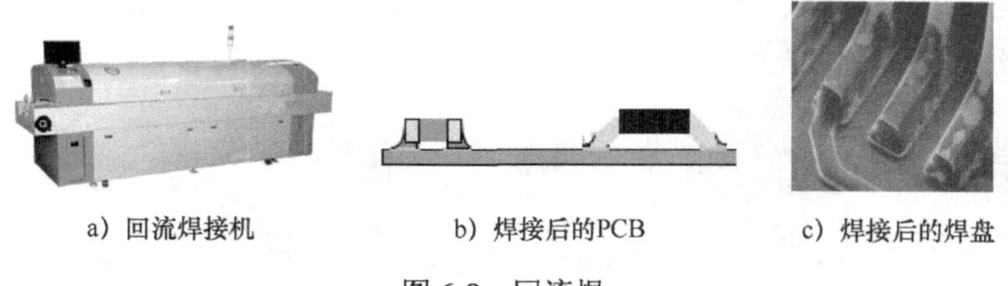

a）回流焊接机　　b）焊接后的PCB　　c）焊接后的焊盘

图 6-8　回流焊

完成以上三个基本步骤后，还要对组装好的 PCB 进行焊接质量和装配质量的检测，所用到的设备有放大镜、显微镜、在线测试仪、飞针测试仪、自动光学检测、X 射线检测系统、功能测试仪等。对检测出现故障的 PCB 进行返工，所用工具有电烙铁、返修工作站等。

6.2　手工小型 SMT 设备

大型 SMT 生产线一般只适合于同一品种、大批量电子产品的生产。对于多品种、小批量电子产品的生产，或教学研发等应用来说，使用大型 SMT 生产线是不现实的，因其使用工序复杂、投资很大。

对于教学研发以及小批量生产的 SMT 贴装工艺技术，一般采用小型的手工 SMT 设备及辅助设备。手工 SMT 工艺流程同自动化 SMT 生产线一样，主要包括锡膏印刷、元件贴装和回流焊接三个部分，其焊接质量同样要求很高，可以大大提高研发水平和速度、缩短产品化的进程。下面以一个贴片收音机的制作为例介绍一下手工 SMT 工艺流程。

6.2.1　准备工作

1. 工具的准备

工具的准备包括刮刀、镊子、放大台灯、真空吸笔和网孔印刷机等。印刷机的结构如图 6-9 所示。

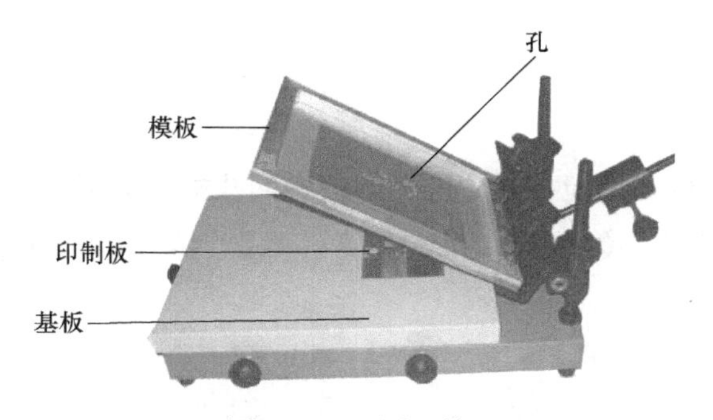

图 6-9　网孔印刷机

2. 材料的准备

根据环境温度，焊锡膏在使用前至少 1h 或提前一天从冷藏箱中取出焊锡膏，达到室温后，在印刷前打开焊锡膏的容器盖，防止水汽凝结。还需要准备一些无水酒精和棉球以便进行网孔板和 PCB 的清洁擦拭。将贴放的器件分类准备好。

3. 检查工作

1）检查 PCB 是否光滑平整，焊盘是否光洁无污物。

2）将待印的 PCB 放在印刷机底座的模板中，焊接面朝上。放下金属网孔板，检查漏孔与焊盘覆盖的准确度，若有问题需进行调整，如图 6-10 所示。

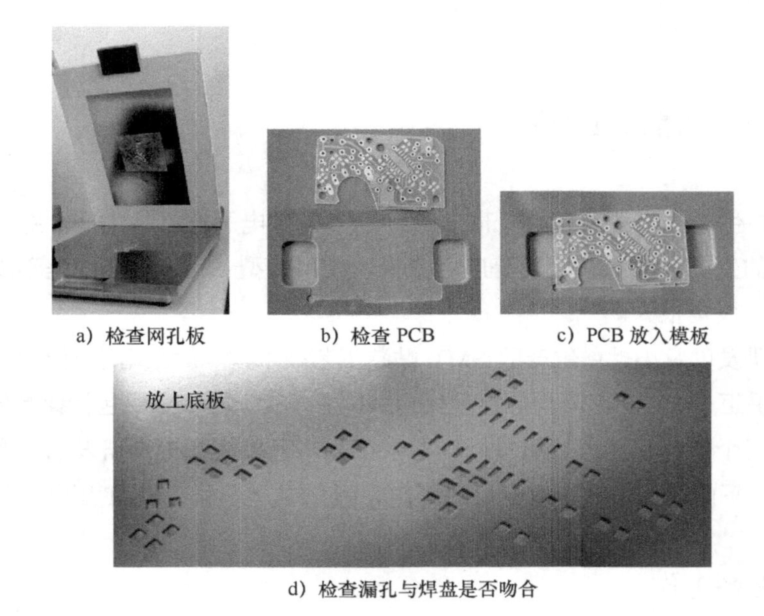

a）检查网孔板　b）检查 PCB　c）PCB 放入模板

d）检查漏孔与焊盘是否吻合

图 6-10　检查工作

6.2.2　基本工艺过程

1．焊膏印刷

手工锡膏印刷是指使用网孔印刷机、刮刀将焊锡膏准确均匀地印刷到所需焊接的各个焊盘上。

1）放平网孔板，取一些搅拌均匀的焊膏放在网孔板的前端，不要覆盖网孔。

2）用刮刀从前往后均匀刮动。推动焊膏注入漏孔，将锡膏印在印制板的相应焊盘上，如图 6-11 所示。

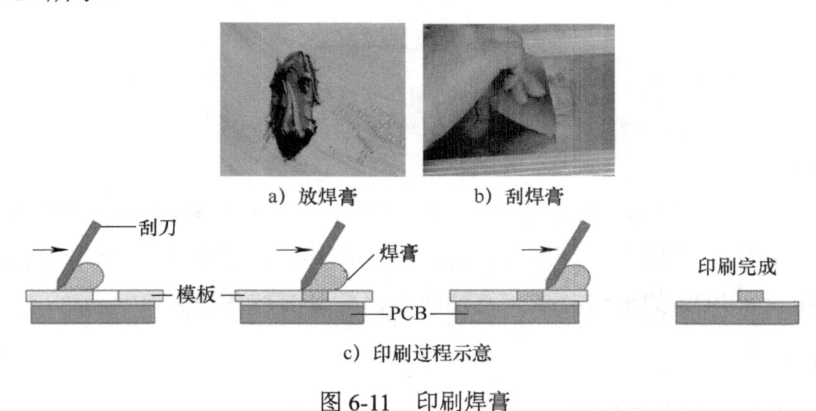

a）放焊膏　b）刮焊膏

c）印刷过程示意

图 6-11　印刷焊膏

3）刮刀用力要适中，开始时刮刀与网板成 60°，刮的过程中逐渐减小到 45°，如图 6-12 所示。

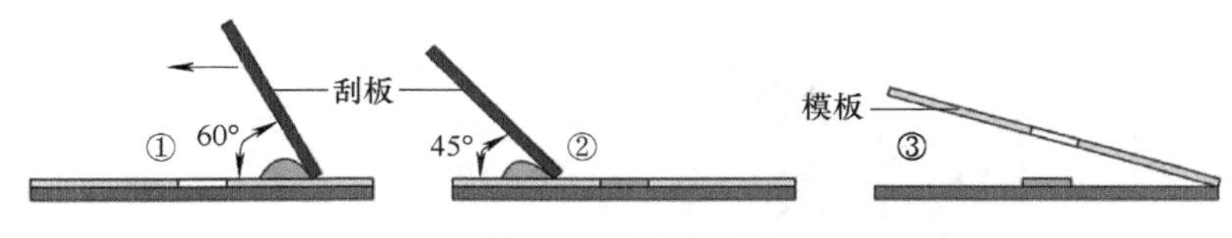

图 6-12　印刷技巧

2. 贴装器件

1）取出印制板。注意取的过程和贴元件的过程中，只能用手拿住印制板的边缘，不要接触到焊膏，防止其模糊。

2）检查 PCB。在带照明放大镜下观察锡膏有无桥联或缺陷，如图 6-13 所示。如果有问题应及时处理，可以全部擦掉重新印刷一次。

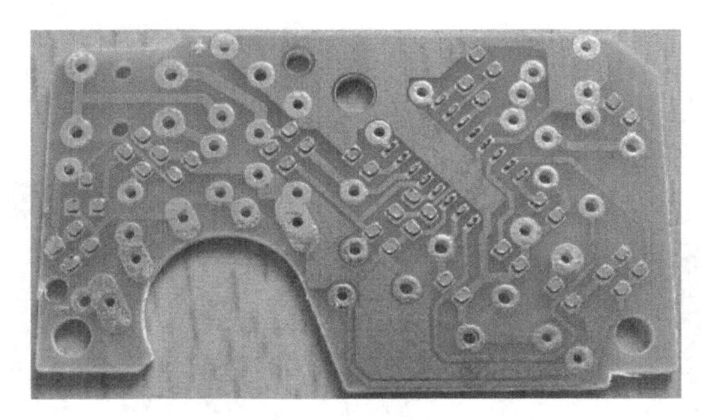

图 6-13　检查印刷后的 PCB

3）贴放元件。一般用镊子来贴放电阻、电容等片式元件。操作时，用镊子夹住器件中间部位，防止夹伤两端的电极，贴放位置要准确，如图 6-14 所示。

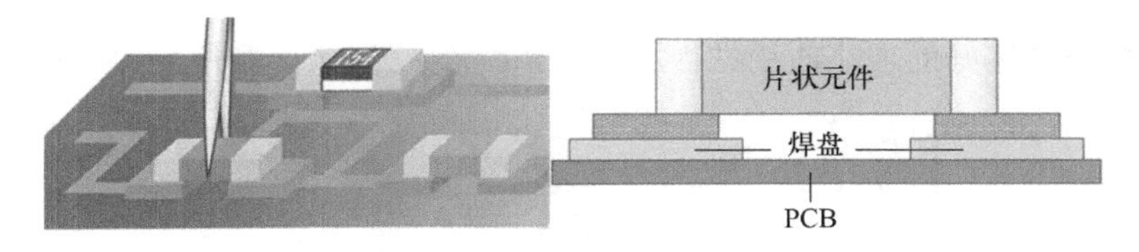

图 6-14　贴放元件

贴片电阻值用数码法直接标在元件上，贴片时该面朝上，以便查看。贴放压力要适度，不可太用力下压元件，以免使焊膏挤在一起。

也可以用真空吸笔来贴放元件，如图 6-15 所示。真空吸笔是利用产生的反向真空，将贴片元器件吸起，然后通过人工将元器件放置于相应的 PCB 的焊盘的位置上。真空吸笔可以防静电，并且可以调节吸力以适应不同大小和重量的元器件。

4）贴装完成。贴装完成后，可通过目测或放大镜检查元器件引脚与焊锡膏的吻合性，检验无误后即可放入回流焊机，如图 6-16 所示。

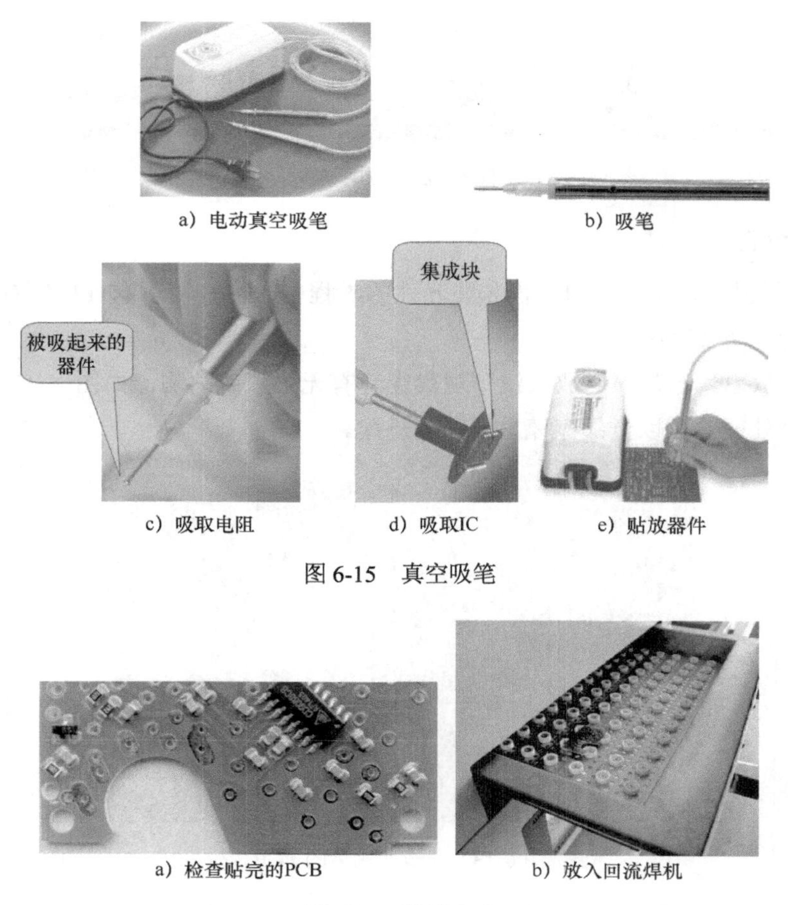

a）电动真空吸笔　b）吸笔

c）吸取电阻　d）吸取IC　e）贴放器件

图 6-15　真空吸笔

a）检查贴完的PCB　b）放入回流焊机

图 6-16　贴装完成

3. 回流焊接

回流焊机按设定好的加热曲线进行加热，如图 6-17 所示，整个焊接过程约需 4min。

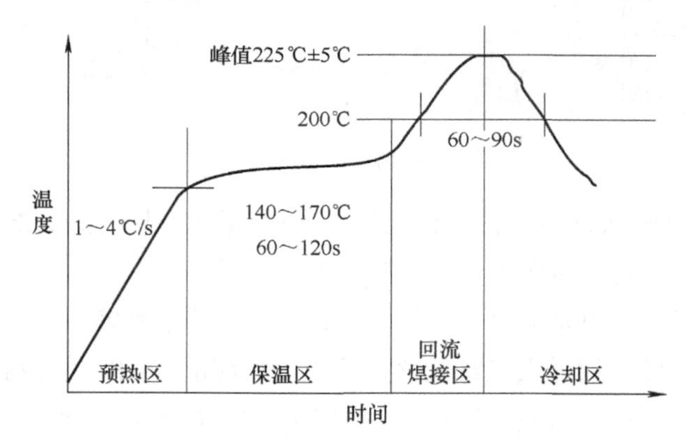

图 6-17　加热曲线

加热曲线可以分为四个区，即预热区、保温区、回流焊接区和冷却区。

1）预热区。将 PCB 和元器件预热至平衡状态，同时除去焊膏中的水分、溶剂，以防焊膏发生塌落和焊料飞溅。升温应缓慢，以保证溶剂充分挥发。

2）保温区。该区域的作用是保证在达到再流温度之前焊料能完全干燥，同时还起着焊剂活化的作用，有效清除元器件、焊盘、焊料中的金属氧化物。保温区时间约 60～120s。

3）回流焊接区。在这一阶段，焊膏中的焊料开始熔化，润湿焊盘和元器件。回流焊的温度要高于焊膏的熔点温度，一般要超过熔点温度 20℃才能保证回流焊接的质量。此阶段的时间为 60～90s。

4）冷却区。在这一阶段，焊料随温度的降低而凝固，使元器件与焊膏形成良好的接触，冷却速度应与预热速度相同。

在整个回流焊接的工艺过程中，加热曲线的设置起着至关重要的作用，会直接影响到产品的质量。

4．测试与检查

取出焊好的电路板，在放大镜下检查焊点的质量，查看元件有无移位、缺焊、漏焊等。如图 6-18 所示。

a）在放大镜下检查

b）SMT典型焊点图

图 6-18　检查 PCB

SMT 焊接质量要求与 THT 基本相同，要求焊点的焊料连接面呈半弓形凹面，焊料与焊件交界处平滑，接触角尽可能小，无裂纹、针孔、夹渣，表面有光泽且平滑。

由于 SMT 元器件尺寸较小，焊接过程会出现一些特有缺陷，常见焊接缺陷如图 6-19 所示。其中，立片主要是两个焊盘上焊膏不均，一边焊膏太少甚至漏印而造成的；锡珠是由于焊盘和器件引脚等浸润不良，液态焊锡会因收缩而使焊缝填充不充分，所有焊料颗粒不能聚合成一个焊点，部分液态焊锡会从焊缝流出而造成的。

针对这些缺陷，可采取以下解决措施：

1）调整回流温度曲线设置。焊膏的回流是温度与时间的函数，如果回流温度曲线设置不当，例如未到达足够的温度或时间，焊膏就不会回流。预热区温度上升速度过快或达到平顶温度的时间过短，就可能导致焊膏内部的水分、溶剂未能完全挥发，当到达回流焊温区时，会引起水分、溶剂沸腾并溅出焊锡球。实践证明，将预热区温度的上升速度控制在 1～4℃/s 是较理想的。

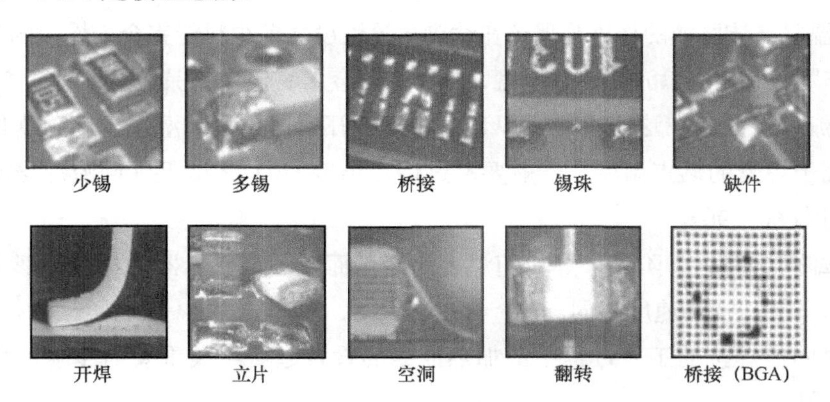

图 6-19　SMT 常见焊接缺陷

2）如果总在同一位置上出现焊球，就有必要检查金属网孔板设计结构。如果模板开口尺寸或腐蚀精度达不到要求，对于焊盘大小偏大，以及表面材质较软（如铜模板），都会造成漏印焊膏的外形轮廓不清晰，互相桥连。这种情况多出现在对细间距器件的焊盘漏印时，回流焊后必然造成引脚间大量锡珠的产生。因此，应针对焊盘图形的不同形状和中心距，选择适宜的模板材料及制作工艺来保证焊膏印刷质量。

3）再用万用表检查每个元件的两个引脚之间是否短路；检查每个焊点和与之相连的焊盘是否断路，如图 6-20 所示。要仔细检查，以便及时排除故障。

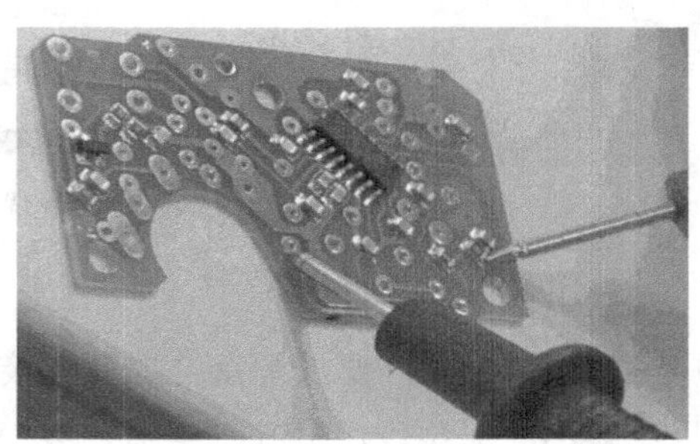

图 6-20　检查短路与断路

6.3　实训——自动搜索调频收音机制作

收音机的电路原理图如图 6-21 所示，核心元件是芯片 SC1088，将其外接部分元件便构成了自动搜索调频收音机。

收音机设置了两个按键 S（搜索）和 R（复位）。按一下 S 键，收音机就会从低频率电台向高频率电台自动搜索，当搜索到一个频道后，便自动锁定并停止搜索。若再次按一下 S 键，收音机就会继续向高频率搜索。当搜索到频率最高端后，按一下 R 键可回到最低频率，重新开始选台。

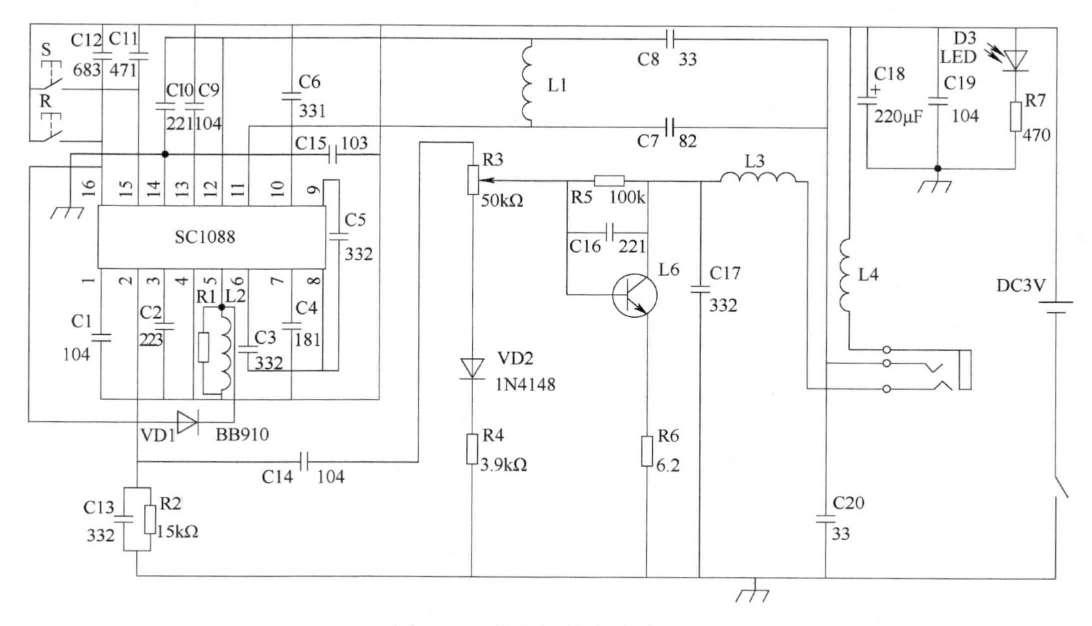

图 6-21　收音机的电路原理图

6.3.1　表面贴装元件的焊接

1．准备工作

根据环境温度，至少提前 1h 从冰箱中取出焊锡膏，使其自然恢复到室温。在印刷前再打开焊锡膏的容器盖，以防止水汽凝结。将印制电路板放在印刷机底座的模板中，然后放下网孔板，检查漏孔与焊盘覆盖的准确度，若有问题需进行调整。

2．焊锡膏的印刷

锡膏印刷请参考 6.2 节的内容。锡膏印刷完成后，取下印制电路板，用手拿住印制板的边缘（避免污染电路），观察锡膏有无桥联或缺陷，如有问题应及时处理，如图 6-22 所示。

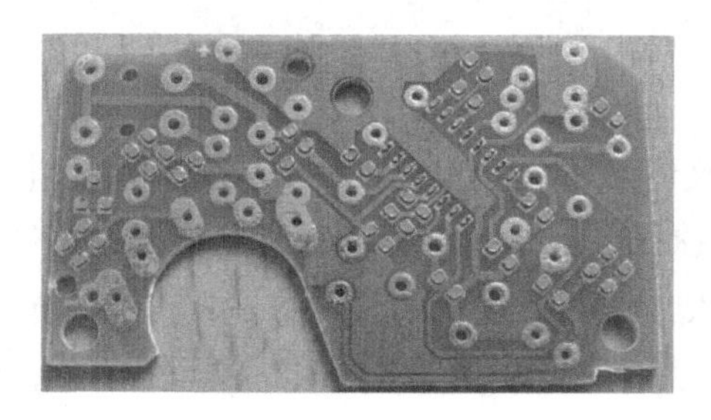

图 6-22　印制后的电路板

3．元件的装焊

本次操作一共有 22 个元件需要贴放，每个元件的具体放置位置如图 6-23 所示。

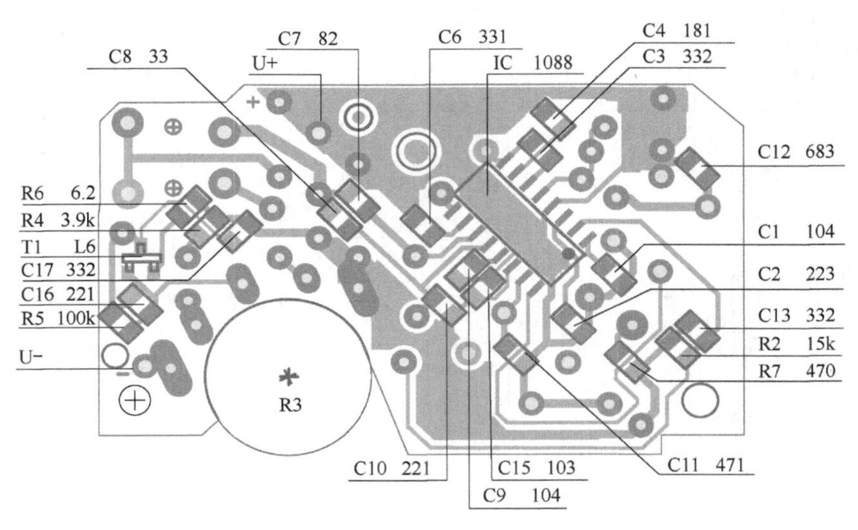

图 6-23 元件贴放位置

为了方便操作，可准备 22 个实验台，每个台位上放一种元件，例如 1 号实验台放 104 电阻（100kΩ），标红处就是其贴放位置，如图 6-24 所示。按 1～22 号实验台的顺序，依次贴放。

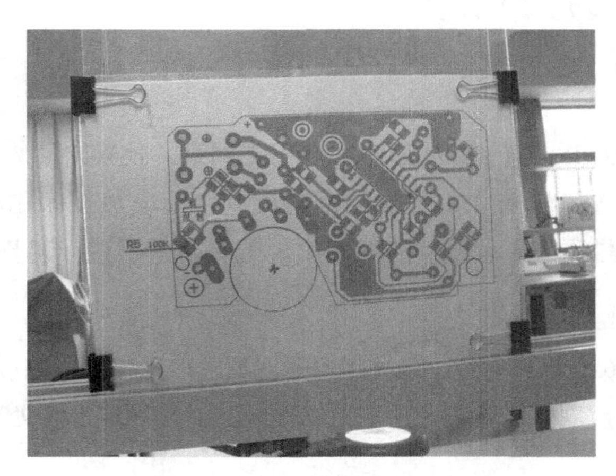

图 6-24 1 号实验台

1）贴放时，用镊子夹住元件中间位置，防止夹伤两端的电极。型号、标称值、位置必须正确且不能错位，一次摆放准确，避免在焊膏上拖动、移位而造成焊膏的黏连。

2）若贴放时压力过大，会导致焊膏挤出量过多，容易造成黏连，回流焊时易形成桥联；若元件的焊端或引线浮在焊膏表面，焊膏黏不住元件，回流焊时容易移位。

3）对于贴片电阻，其值用数字直接标在元件上，贴片时该面朝上，易于观察。

4）贴片电容没有标记，要准确贴到相应位置，晶体管 L6 标有字样的面朝上。

5）芯片 SC1088 的第一引脚标志点不能贴错方向。

6）检查贴片质量，有问题要及时修补，贴装好的印制板，应在 1h 内完成回流焊接。

7）将印制板放入回流焊炉焊接，然后检查焊接质量，并用万用表逐一测量贴片元件的端头（或引线）与焊盘是否连通。

6.3.2　分立元件的装焊

除了贴放的元件之外，收音机电路中还有一些元件需要插装，并使用电烙铁进行焊接，这些分立元件有 4 个瓷片电容、3 个二极管、4 个电感、2 个按钮、1 个电位器、1 个电解电容、1 个电阻等，如图 6-25 所示。

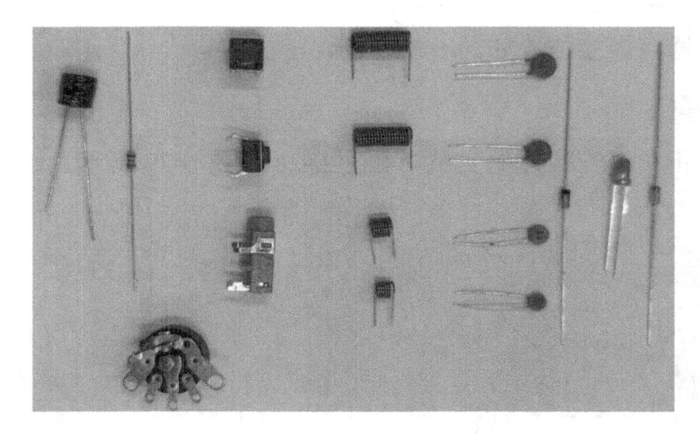

图 6-25　分立元件

1．分立元件安装位置

分立元件安装位置如图 6-26 所示，应从正面插装，从反面焊接。

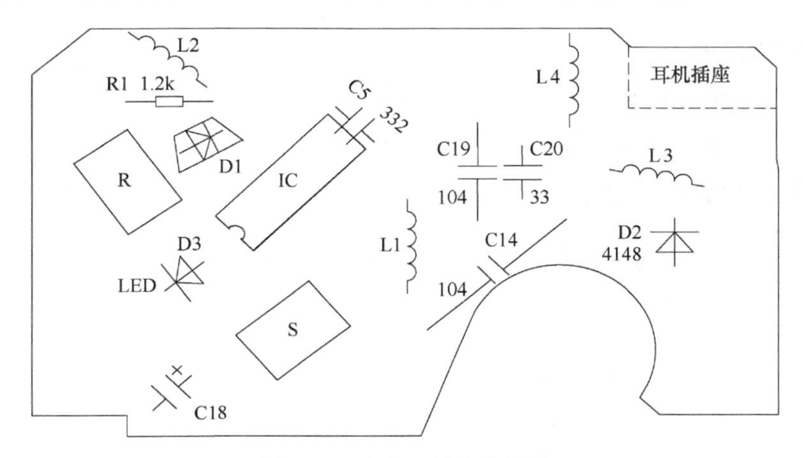

图 6-26　分立元件安装位置

2. 电位器的焊接

图 6-27 是带开关的电位器，外侧两端的引脚是开关，中间三个引脚是电位器，可用万用表检查开关通断是否良好。

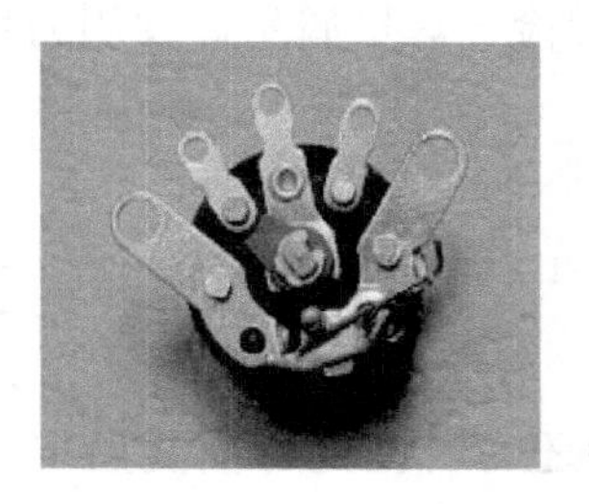
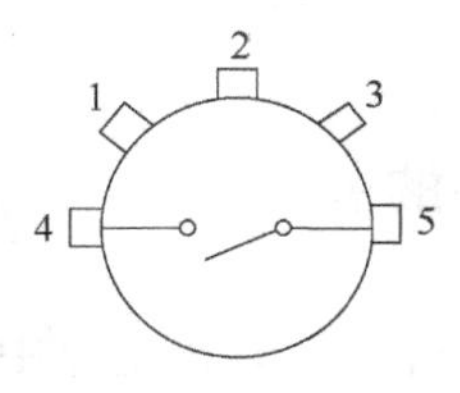

图 6-27 电位器

电位器紧贴印制电路板的圆弧部分，5 个引脚与 5 个焊盘对准，焊接时间不宜过长，以免过热损坏电位器，焊接位置如图 6-28 所示。

3. 电源线的焊接

电源线和电池正负极连接片的安装，如图 6-28 和图 6-29 所示。

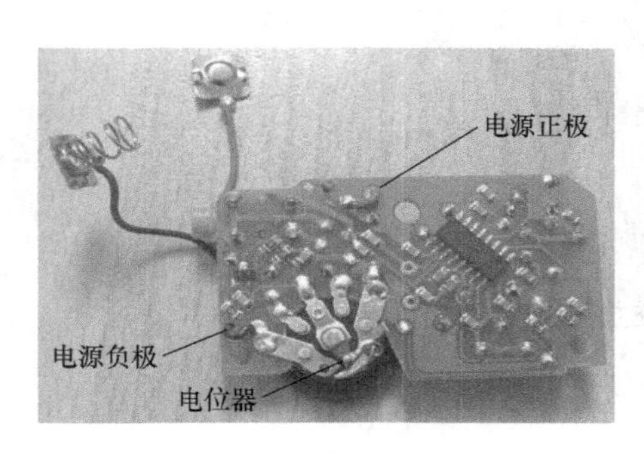

图 6-28 元件焊接位置

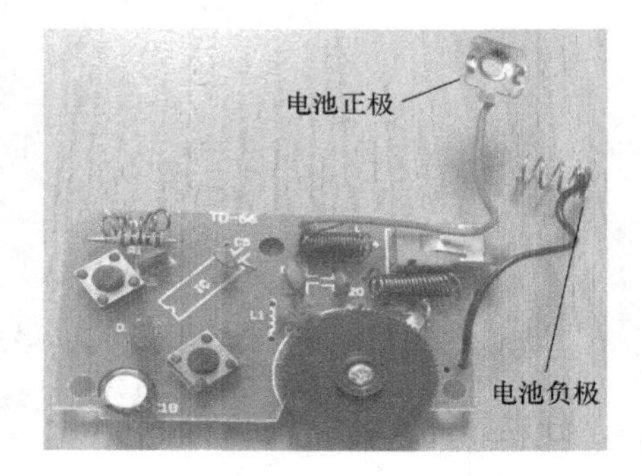

图 6-29 电池正负极连接片

4. 二极管的焊接

发光二极管具有单向导电特性，长引脚为正极，短引脚为负极。在焊接时，将引脚插入印制电路板，顶端距印制电路板 8mm 的高度焊接。变容二极管带蓝色圈的一端是负极。高速开关二极管（4148）带黑色圈的一端是负极，焊接时间不宜过长，如图 6-30 所示。

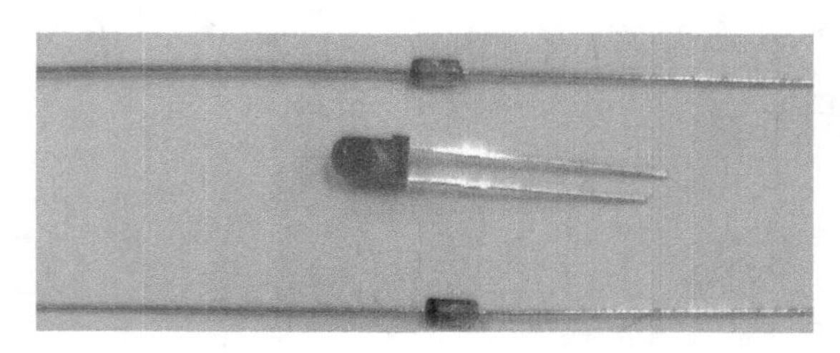

图 6-30 二极管

5. 其他注意事项

1）将耳机插座的各引脚插入印制电路板并贴紧，焊接时间不宜过长，以免插座受损。

2）电感紧贴印制电路板焊接，不要将带漆部分埋入焊点避免虚焊。

3）电解电容的安装注意极性，并紧贴印制电路板。

4）两按钮开关分别在 R、S 位置，插入引脚，紧贴印制电路板焊接，注意焊接时间不宜过长。

6.3.3　调试

检查焊点有无虚焊、漏焊、桥接等缺陷，元件规格、型号、安装位置是否正确。电池正、负极片的焊片上分别焊上红、黑导线。红、黑导线的另一端从印制电路板的元件面穿过，分别焊在印制电路板焊接面的 V_+和 V_-焊盘上。将电池极片焊片朝下安装在外壳相应的槽内，装上两节 7 号电池（或者使用直流稳压电源的 3.00V 的输出电压供电）。

1. 试听

耳机线也可作为天线使用，故一定要插好耳机。元件安装正确、可靠，电流在正常范围之内，接通电源，音量电位器开至最大位置，先按一下 R 键，再按一次或几次 S 键，应能收到调频广播。若收不到广播应仔细检查装焊质量，直到排除故障、试听正常为止。

2. 调试

调频广播的频率范围为 88～108MHz，调试时可找当地频率最低的调频台，改变 L2 的匝间距，即线圈的疏密程度，先按 R 键，第一次按 S 键后即可收到该电台的广播。按 S 键后经过较长时间才收到该电台，说明低端频率过低，应拉大 L2 的匝间距；若按 S 键后收到比该电台频率高的电台，说明低端频率过高，应夹紧 L2 减小匝间距。

一般收到低频电台后，可用最高频电台检测，当按 S 键能收到该电台后，应仍有余量，否则再微调 L2 的匝间距，以保证接收频率能覆盖整个频段。接收信号的灵敏度也与 L2 的匝间距有关，因此 L2 的调整至关重要。

6.3.4　总装

1. 装饰圈的安装

装饰圈的安装如图 6-31 所示。

2. 按键的安装

R、S 键为连体键，如图 6-32 所示。用偏口钳或剪刀将多余部分修剪掉，使按键形状符合要求。将 R、S 键连体桥中间的小圆孔套在面壳反面的固定圆柱上，两键对准并放入面壳的键孔中。

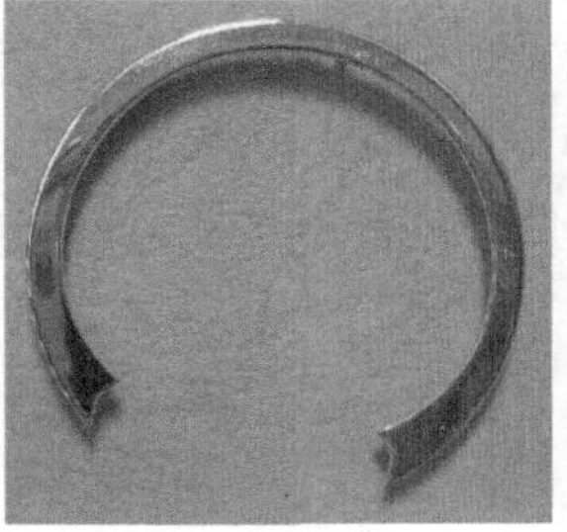

图 6-31　装饰圈的安装

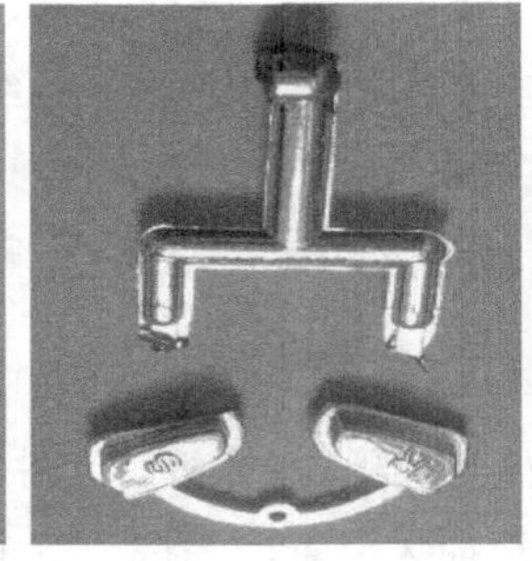

图 6-32　R、S 键的修整和安装

3. 电路板的安装

用 PM1.7×4 螺钉将电位器盘固定在电位器轴柄后，将印制电路板焊接面朝上平放在面壳上（注意发光二极管顶部应嵌入面壳的圆槽内），用两 KA2×6 螺钉固定，如图 6-33 所示。

4. 后外壳装配

后盖及背夹（注意方向）装好后用 PA2×10 螺钉紧固，注意拧螺钉时不能用力过大，如图 6-34 所示。

图 6-33　安装电路板

图 6-34　安装后外壳

5．装好电池盒盖

装上电池和电池盖，插上耳机，如图 6-35 所示。

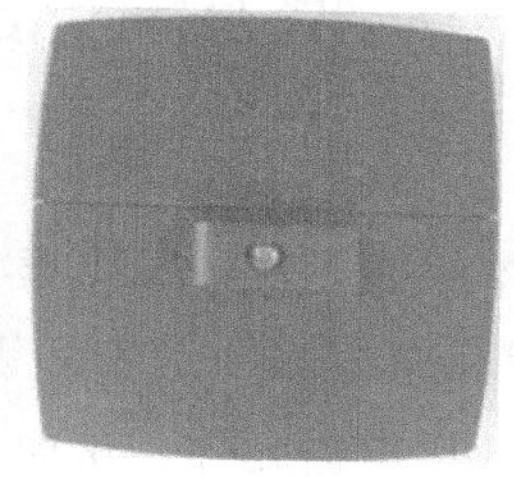
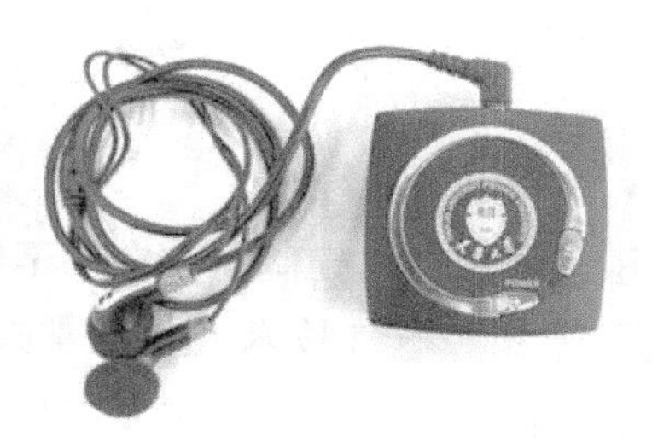

图 6-35　收音机整机外形

总装后整机应达到外观良好、电源开关及音量电位器调节正常，手感良好，收听效果良好的要求。

第 7 章　低压电器

低压电器是电气控制系统中的基本组成元件，其质量将直接影响到低压供电系统的可靠性。因此，电气技术人员应掌握低压电器的基本知识和低压电器的结构及工作原理，并能准确选用、检测和调整常用低压电器元件，从而有效分析设备电气控制系统的工作原理，处理好一般故障。

7.1　认识低压电器

低压电器是指额定电压在直流 1500V、交流 1200V 及以下的电气设备，用户可以根据使用要求，手动或自动分合电路，实现对被控制对象的控制、调节、变换、检测和保护等作用。

低压电器一般有两个基本部分：

1）感受部分：负责感知外界信号，做出有规律的反应。在自动控制电器中，感受部分大多由电磁机构组成；在手动控制电器中，感受部分通常是操作手柄等。

2）执行部分，如触点及灭弧系统，根据指令执行电路的接通、切断等任务。对于断路器类的低压电器，还具有中间（传递）部分，用于感受和执行两部分联系起来，使两部分协同一致，按一定的规律动作。

7.1.1　低压电器的分类

低压电器种类丰富、使用广泛、结构各异、功能各样，工作原理也各不相同。常用低压电器的分类方法有很多，其常见分类见表 7-1。

表 7-1　常见低压电器分类

分类型式	名　称	说　明
按用途	配电电器	主要起输送、分配和保护作用，如刀开关和组合开关等，主要用于低压配电系统中
	控制电器	主要起控制、检测和保护等作用，如接触器和继电器等，主要用于电气传动系统中
按动作方式	手动控制电器	依靠人工直接操作来进行切换的电器，如刀开关、按钮等
	自动控制电器	依靠自身参数的变化或外来信号而自动动作的电器，如接触器和继电器等
按触点类型	有触点电器	具有动触点和静触点，利用触点的接触和分离来实现电路的通断

（续）

分类型式	名　称	说　明
按触点类型	无触点电器	没有可分离的触点，主要利用半导体的开关效应来实现电路的通断控制，如接近开关、霍尔开关、电子式时间继电器、固态继电器等
按工作原理分类	电磁式电器	根据电磁感应原理动作的电器，如接触器、继电器、电磁铁等
	非电量控制电器	依靠外力或非电量信号（如速度、压力、温度等）的变化而动作的电器，如转换开关、行程开关、速度继电器、压力继电器、温度继电器等

7.1.2　低压电器的表示

低压电器的型号用字母组合来表示：第一个字母取自汉语拼音，表示产品大类；第二个字母同样取自汉语拼音，表示该类电器的各种形式。常见低压电器的字母表示见表 7-2。

表 7-2　常见低压电器的字母表示

序　号	分　类	首字母	常用字母组合示例
1	刀开关	H	HS 为转换开关 HZ 为组合开关
2	熔断器	R	RL 为螺旋式熔断器 RM 为密闭管式熔断器
3	断路器	D	DW 为万能式断路器 DZ 为塑料外壳式断路器
4	控制器	K	KT 为凸轮控制器 KG 为鼓形控制器
5	接触器	C	CJ 为交流接触器 CZ 为直流接触器
6	起动器	Q	QJ 为减压起动器 QX 为星三角起动器
7	继电器	J	JR 为热继电器 JS 为时间继电器
8	主令电器	L	LA 为按钮 LX 为行程开关
9	电阻器	Z	ZG 为管形电阻器 ZT 为铸铁电阻器
10	变阻器	B	BP 为频敏变阻器 BT 为起动调速变阻器
11	调整器	T	TD 为单相调压器 TS 为三相调压器
12	电磁铁	M	MY 为液压电磁铁 MZ 为制动电磁铁
13	其他	A	AD 为信号灯 AL 为电铃

7.2　低压配电电器

常见低压配电电器主要用在低压电力系统及动力设备中，技术要求是限流效果好、分断能力强、动作准确、可靠性高和操作电压低等。常见低压配电电器分类及用途见表 7-3。

表 7-3　常见低压配电电器分类及用途

电器名称	主要用途
熔断器	用于电路或电气设备的短路和过载保护
刀开关	用于电路隔离，也能接通和分断额定电流
转换开关	用于两种以上电源或负载的转换和通断电路
断路器	用于电路过载、短路或欠电压保护，或不频繁通断电路

7.2.1　熔断器

熔断器俗称保险丝，是一种在低压电路和电动机控制电路中用作短路保护的电器。

熔断器由熔体、绝缘熔管和底座等组成。熔体是熔断器的核心部分，当电路发生短路或过载时电流过大，熔体因过热而熔化，从而切断电路。在小电流电路中熔体常用合金做成熔丝，在大电流电路中熔体做成薄片。

1．常见分类

熔断器按结构分为开启式、半封闭式和封闭式；按有无填充材料分为有填料式、无填料式；按用途分为工业用熔断器、保护半导体器件熔断器和自复式熔断器等。常用的熔断器有：瓷插式熔断器、螺旋式熔断器、有填料密封管式熔断器、无填料封闭管式熔断器。

瓷插式熔断器的外形、结构和在原理图中的符号，如图 7-1 所示，它常用在 380V 及以下电压等级作为短路保护，如照明线路。

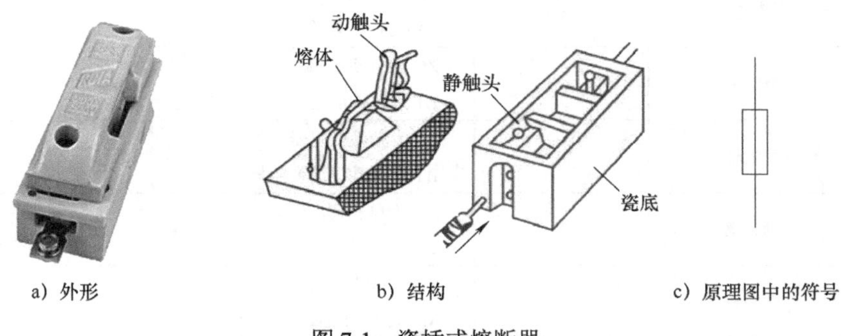

a）外形　　b）结构　　c）原理图中的符号

图 7-1　瓷插式熔断器

螺旋式熔断器的外形和结构如图 7-2 所示，其主要用于短路电流大的电路或有易燃气体的场所。熔断管一端盖中装有红色指示器，熔体熔断时，指示器跳出，表示熔体已熔断，可从瓷帽顶部的玻璃圆孔中观察到。

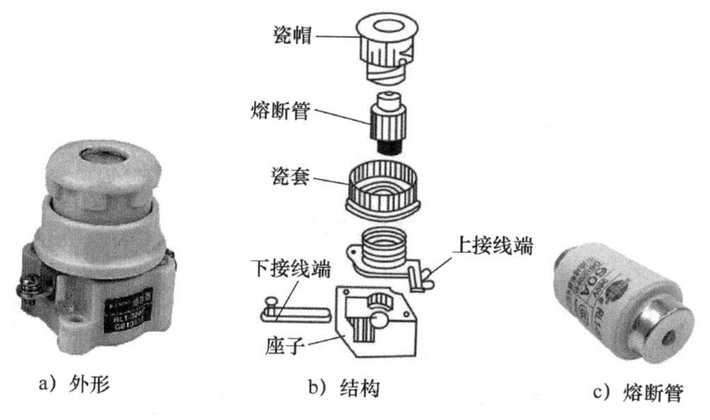

图 7-2　螺旋式熔断器

有填料封闭管式熔断器的外形和结构如图 7-3 所示，其主要用于短路电流大的电路中或有易燃气体的场所。填料管式熔断器须装在相应的底座上，瓷管体内一般装有石英砂填料，其作用是短路时冷却电弧，使电弧快速熄灭，从而提高分断电路的能力。

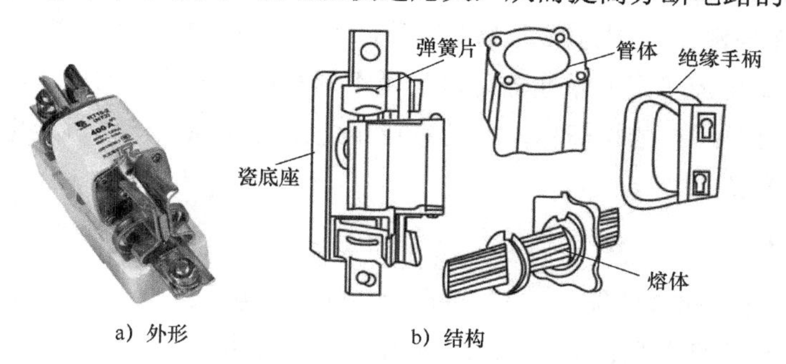

图 7-3　填料封闭管式熔断器

无填料封闭管式熔断器具有结构简单、保护性能好和使用方便等特点，一般与刀开关组成熔断器刀开关组合使用，其外形和结构如图 7-4 所示。

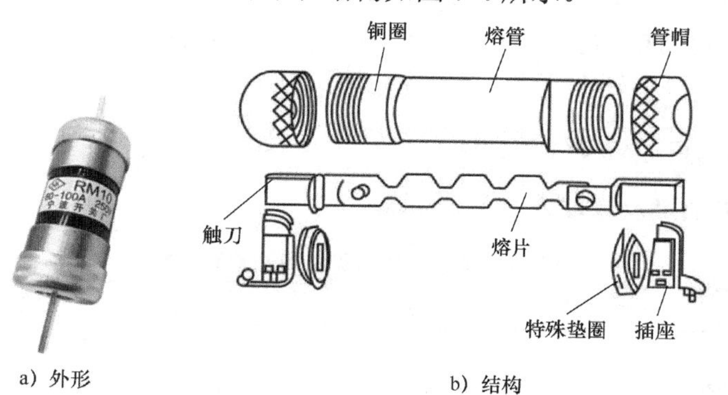

图 7-4　无填料封闭管式熔断器

2．熔断器的型号含义

常见的熔断器的型号含义如图 7-5 所示。

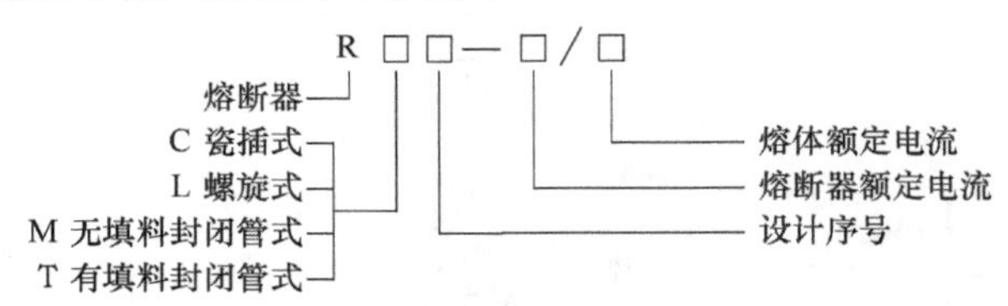

图 7-5　熔断器的型号含义

3．参数

熔断器的参数主要有额定电压、额定电流和熔体的额定电流。

1）额定电压：是指能保证熔断器长期正常工作的电压。若熔断器的实际工作电压大于其额定电压，熔体熔断时可能会发生电弧不能熄灭的危险。所以选用熔断器的额定电压值应大于电路的工作电压。

2）熔断器额定电流：是指保证能长期正常工作的电流，是由熔断器各部分长期工作时的允许温升决定。熔断器的额定电流应不小于所装熔体的额定电流。

3）熔体额定电流：是指在规定的工作条件下，电流长时间通过熔体而不熔断的最大电流值。一个额定电流等级的熔断器可以配用不同额定电流等级的熔体。

例如，型号 RL1-15 的熔断器，其熔管额定电流为 15A，熔体额定电流有 4A、6A、10A、15A 四个等级。

4．选择与使用

应根据使用场合和具体需求选择熔断器的类型：电网配电一般用管式熔断器；电动机保护一般用螺旋式熔断器；照明电路一般用瓷插式熔断器。

熔断器规格的选择如下：

1）照明电路：熔体额定电流≥被保护电路上所有照明电器工作电流之和。

2）单台直接起动电动机：熔体额定电流=(1.5～2.5)×电动机额定电流。

3）多台直接起动电动机：总保护熔体额定电流=(1.5～2.5)×各台电动机额定电流之和。

5．熔断器的常见故障及修理方法

熔断器的常见故障及修理方法见表 7-4。

表 7-4　熔断器的常见故障及修理方法

故障现象	产生原因	修理方法
电动机起动瞬间熔体即熔断	1．熔体规格选择太小	1．调换适当的熔体
	2．负载侧短路或接地	2．检查短路或接地故障
	3．熔体安装时损伤	3．更换熔体

（续）

故 障 现 象	产 生 原 因	修 理 方 法
熔体未熔断但电路不通	1．熔体两端或接线端接触不良	1．清扫并旋紧接线端
	2．熔断器的螺帽盖未拧紧	2．旋紧螺帽盖

6．注意事项

1）对不同性质的负载，如照明电路、电动机电路的主电路和控制电路等，应分别保护，并装设单独的熔断器。

2）安装螺旋式熔断器时，必须注意将电源线接到瓷底座的下接线端，即遵循“低进高出”的原则，以保证安全。

3）安装瓷插式熔断器熔体时，熔体应顺着螺钉旋紧方向绕过去，同时注意不要损伤熔体，也不要把熔体绷紧，以免减小熔体截面尺寸。

4）更换熔体时先切断电源，然后换上相同额定电流的熔体。

7.2.2　刀开关

刀开关又称闸刀开关、负荷开关等，是一种应用广泛的手动控制电器，其结构简单，由刀片（动触点或动触头）、刀座（静触点或静触头）等部分组成。在低压电路中，刀开关用作不频繁的接通和关断电路，或用来把负载与电源隔离。

1．分类与结构

根据接触刀片数的不同，刀开关可分为单极、双极和三极等几种。常用的刀开关有开启式（俗称胶盖瓷底刀开关）和封闭式（俗称铁壳开关）两种，外形如图 7-6 所示。

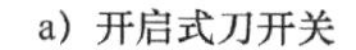

a）开启式刀开关

b）封闭式刀开关

图 7-6　刀开关

开启式刀开关适用于交流电压 380V、电流 60A 及以下的线路中，多作为一般照明等电路的控制开关，三极开关也可作为小功率三相电动机的不频繁的直接起动和停止开关来使用。

封闭式刀开关适用于各种配电设备中，供手动不频繁地接通和分断负载电路，或交流异步电动机的不频繁地直接起动和停止，具有电路保护功能。

刀开关的结构和符号如图 7-7 所示。

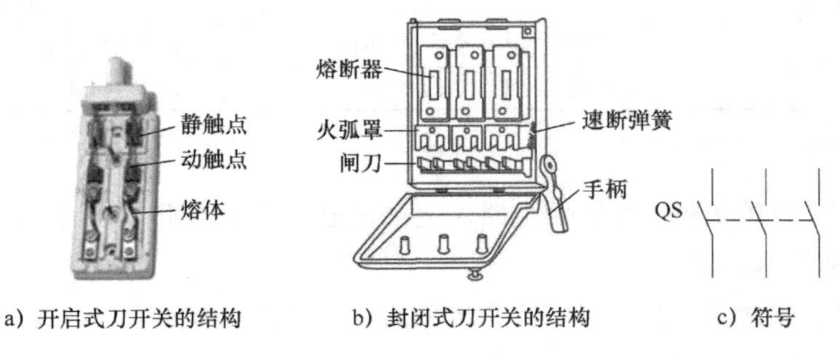

a）开启式刀开关的结构　b）封闭式刀开关的结构　c）符号

图 7-7　刀开关的结构和符号

2．型号含义

常见的刀开关的型号含义如图 7-8 所示。

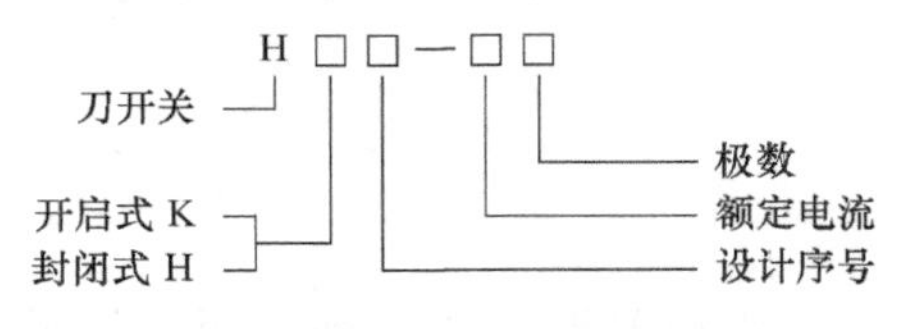

图 7-8　刀开关的型号含义

刀开关的型号通常包含其类型、设计序号、额定电流、极数等信息，例如，HK2-10/3 表示开启式刀开关，设计序号为 2，额定电流为 10A，极数为 3。此外常用的还有 HD 型（单投式）刀开关、HS 型（双投式）刀开关、HR 型（熔断器式）刀开关、Hz 型（组合式）刀开关等。

3．选择与使用

1）用于照明或电热负载时，刀开关的额定电流等于或大于被控制电路中各负载额定电流之和，刀开关的额定电压不小于电路实际工作的最高电压。

2）用于电动机负载时，开启式刀开关的额定电流一般为电动机额定电流的 3 倍；封闭式刀开关的额定电流一般为电动机额定电流的 1.5 倍。

4．常见故障及修理方法

刀开关的常见故障及修理方法见表 7-5。

表 7-5　刀开关的常见故障及修理方法

故障现象	产生原因	修理方法
合闸后一相或两相没电	1．夹座（静触点）开口过大或弹性消失	1．更换夹座
	2．熔体熔断或接触不良	2．更换熔体
	3．夹座、动触点氧化或有污垢	3．清洁夹座或动触点
	4．电源进线或出线头氧化	4．清洁进出线头

（续）

故障现象	产生原因	修理方法
动触点或夹座过热或烧坏	1．开关容量太小	1．更换较大容量的开关
	2．分、合闸时动作太慢造成电弧过大，烧坏触头	2．改进操作方法
	3．夹座表面烧毛	3．用细锉刀修整
	4．动触点与夹座压力不足	4．调整夹座压力
	5．负载过大	5．减轻负载或更换大容量的开关
封闭式负荷开关的操作手柄带电	1．外壳接地线接触不良	1．检查接地线
	2．电源线绝缘损坏碰壳	2．更换导线

5．注意事项

1）刀开关必须垂直安装在控制屏或开关板上，静触点必须在上方。

2）安装刀开关时，要把电源进线接在静触点上，负载接在可动的触刀一侧，这样当断开电源时触刀就不会带电；负载则接在下接线端，便于更换熔体。

3）大电流的刀开关应设有灭弧罩；封闭式刀开关的外壳应可靠接地，防止意外漏电使操作者发生触电事故。

4）更换熔体应在刀开关断开的情况下进行，且应更换与原规格相同的熔体。

7.2.3　转换开关

转换开关又称组合开关，其体积小，结构紧凑，常用于空间比较狭小的场所，如机床和配电箱等，它的种类很多，有单极、双极、三极和四极等多种。常用的是双极、三极转换开关，其外形如图 7-9 所示。

a）双极

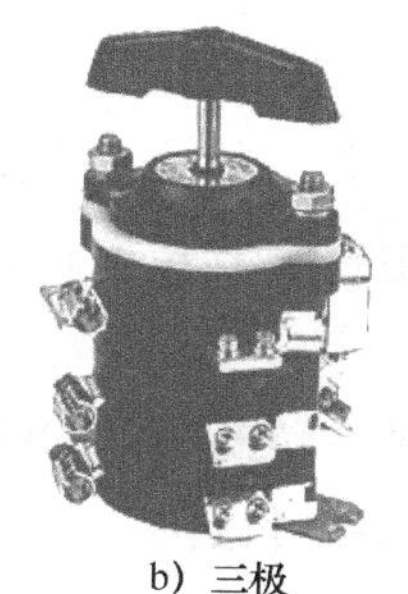

b）三极

图 7-9　转换开关

转换开关灭弧性能比刀开关好，接线方式有多种，常用于交流 380V 以下、直流 220V 以下的电气线路中，在机床设备中使用十分广泛，用于手动不频繁地接通或分断电路，也可用于控制小容量交、直流电动机的正反转、星三角起动和变速换向等。

1．转换开关的结构

转换开关的结构图和原理图中的图形符号如图 7-10 所示，从结构图上看，转换开关有三对静触片，每个触片的一端固定在绝缘垫板上，另一端伸出盒外，连在接线柱上。三个动触片套在装有手柄的绝缘转动轴上，转动转轴就可以将三个触点（彼此相差一定角度）同时接通或断开。根据实际需要，转换开关的动、静触片的个数可以随意组合。

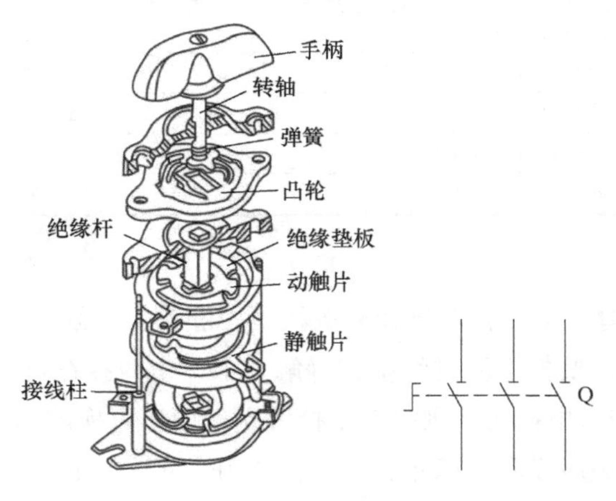

图 7-10　结构图和图形符号

2．型号含义

转换开关的型号含义，如图 7-11 所示。

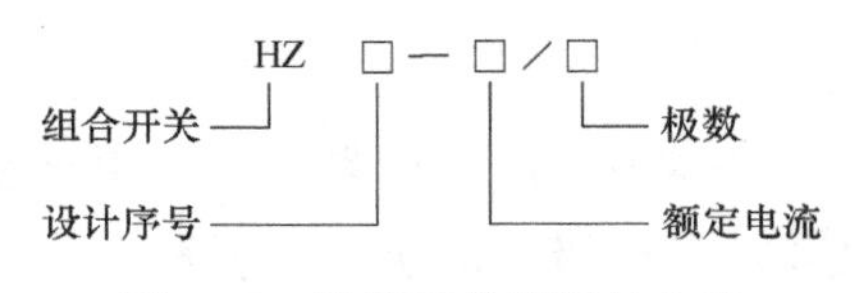

图 7-11　转换开关的型号含义

3．选择与使用

1）首先根据电源的种类、电压的等级、极数和负载的容量进行选择。

2）用于照明或电热电路时，转换开关的额定电流应等于或大于被控制电路中各负载电流的总和。

3）用于电动机电路时，转换开关的额定电流一般取电动机额定电流的 1.5～2.5 倍。

4．转换开关的常见故障及修理方法

转换开关的常见故障及修理方法见表 7-6。

表 7-6　转换开关常见故障及修理方法

故障现象	产生原因	修理方法
手柄转动后，内部触头未动作	1．手柄的转动连接部件磨损变形	1．更换手柄
	2．操作机构损坏	2．修理操作机构
	3．绝缘杆变形，由方形磨为圆形	3．更换绝缘杆
	4．轴与绝缘杆装配松动	4．紧固轴与绝缘杆

（续）

故障现象	产生原因	修理方法
手柄转动后，三副触头不能同时接通或断开	1．转换开关型号不正确	1．更换开关
	2．修理开关时触头装配的不正确	2．重新装配
	3．触头失去弹性或接触不良	3．更换触头或清除氧化层
接线柱相间短路	因铁屑或油污附在接线柱间形成短路，导电将胶木烧焦或绝缘破坏形成短路	清扫开关或调换开关

5．注意事项

1）转换开关的通断能力较弱，用于控制电动机做可逆运转时，必须在电动机完全停止转动后，才能反向接通。接通频率不能超过20次/h。

2）当操作频率过高或负载的功率因数较低时，转换开关要降低容量使用，否则会影响开关寿命。

7.2.4 断路器

低压断路器也称为自动开关或空气开关，是低压配电网中一种重要的保护电器，可以用来接通和分断负载电路，也可以用来控制不频繁起动的电动机。其功能相当于闸刀开关、过电流继电器、失压继电器、热继电器及漏电保护器等电器部分或全部的功能总和。

低压断路器具有多种保护功能（过载、短路、欠电压保护等）、动作值可调、分断能力高、操作方便、安全，因此广泛应用于低压配电线路上，也用于控制电动机及其他用电设备。

1．断路器的分类与结构

断路器按其用途和结构特点可分为DW型万能式断路器、DZ型塑料外壳式断路器、DS型直流快速断路器和DWX型、DWZ型限流式断路器等。万能式断路器和塑料外壳式断路器的外形如图7-12a、b所示。

万能式断路器也称框架式断路器，一般有一个钢制的框架，所有零部件均安装在框架内；主要零部件都是裸露的，没有外壳。其容量较大，并可装设多种功能的脱扣器和较多的辅助触头，由不同的脱扣器组合可以构成不同的保护特性，主要用作配电线路的保护开关。

塑壳式断路器也称装置式断路器，所有零部件均装于一个塑料的外壳中。主要零部件一般均不裸露。结构较为简单，使用安全。但这种类型的断路器容量较小，常用于配电线路的保护开关，还可用作电动机、照明电路及电热电路的电源开关。

如图7-12c所示，断路器有1P、2P、3P、4P等类型，简单说来就是可以控制不同数量线路的闭合与断开。

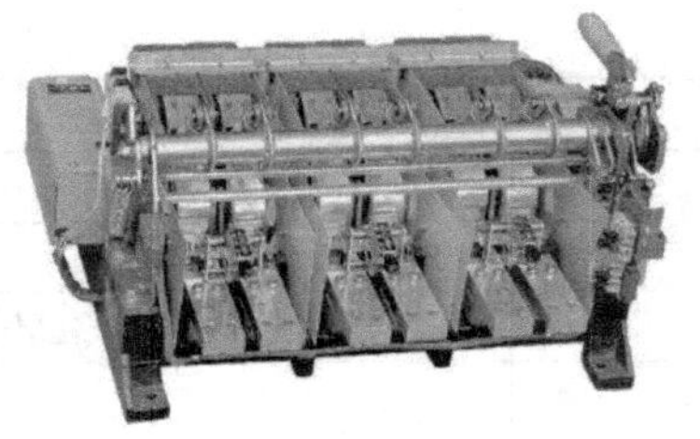

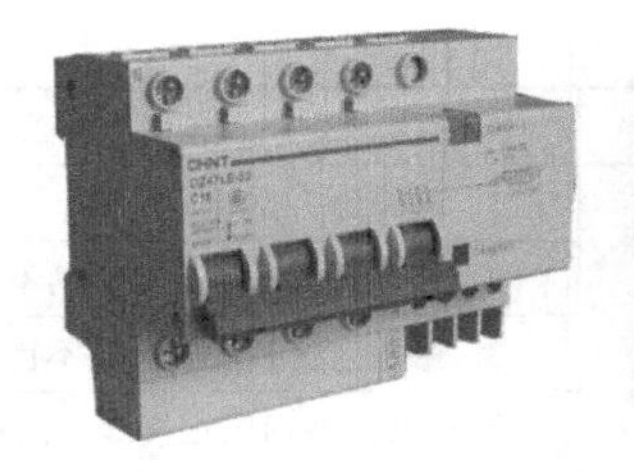

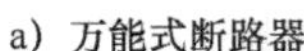

a）万能式断路器　　b）塑料外壳式断路器

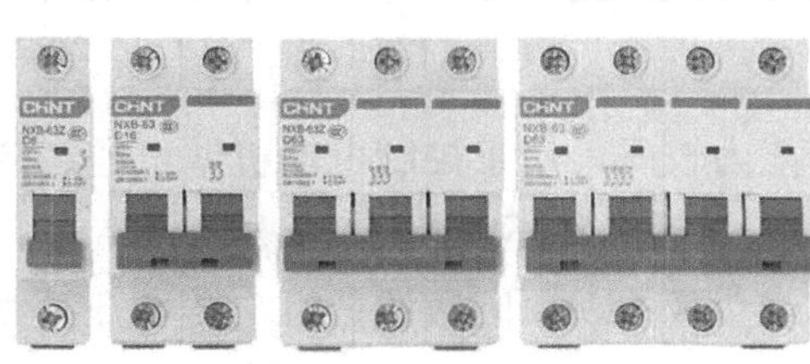

c）1P、2P、3P、4P 断路器

图 7-12　低压断路器

1）1P 断路器：只能闭合断开一条线路，在家庭装修中常用的空开，主要用来控制一条相线（L）的通断。

2）2P 断路器：可以同时控制相线（L）与零线（N）的通断，安全性更高。

3）1P+N 断路器：只控制相线，不控制零线，即使处于断闸状态，零线也是通路。零线与相线不能调换，且零线一定要接到 N 接线端子。1P+N 断路器一般带有漏电保护功能。

4）3P 断路器：用在三相电线路中，当 L1、L2、L3 任意线路存在短路、过载等问题时，就会及时切断电源，防止造成事故。

5）4P 断路器：用在三相电线路中，除了通断 L1、L2、L3，还能通断零线。

6）3P+N 断路器：用在三相电上，通断三根相线。与 4P 断路器不同，零线一直处在接通状态且一定要接到 N 接线端子上。3P+N 断路器一般带有漏电保护功能。

低压断路器由操作机构、触点、保护装置（各种脱扣器）、灭弧系统等组成，其结构示意图和符号如图 7-13 所示。低压断路器的主触点通常由手动的操作机构来闭合，闭合后主触点 2 被锁钩 4 锁住。如果电路中发生故障，脱扣机构就在有关脱扣器的作用下将锁钩脱开，于是主触点在释放弹簧 1 的作用下迅速分断。

脱扣器有过电流脱扣器 6、欠电压脱扣器 11 和热脱扣器 13，它们都是电磁铁。在正常情况下，过电流脱扣器的衔铁 8 是释放着的，一旦发生严重过载或短路故障时，与主电路相串的线圈将产生较强的电磁吸力吸引衔铁，从而推动杠杆 7 顶开锁钩，使主触点断开。欠电压脱扣器的工作过程恰恰相反，在电压正常时，吸住衔铁 10 才不影响主触点的闭合，一旦电压严重下降或断电时，电磁吸力不足或消失，衔铁被释放而推动杠杆，使主触点断开。当电路发生一般性过载时，过载电流虽不能使过电流脱扣器动作，但能使热元件 13 产生一定的热量，促使双金属片 12 受热向上弯曲，推动杠杆使搭钩与锁钩脱开，将主触点分开。

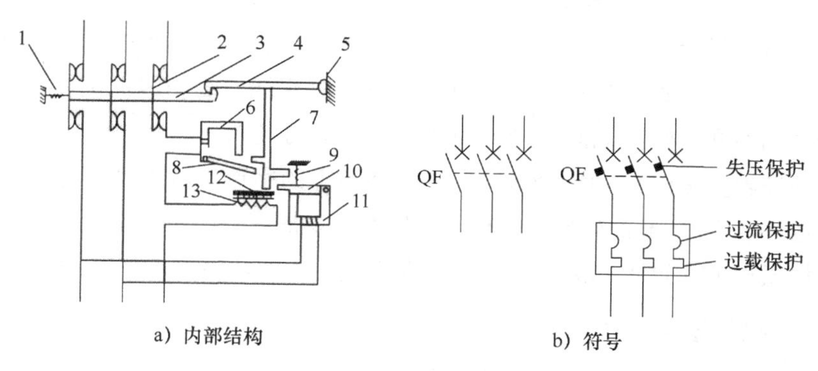

a）内部结构　　b）符号

图 7-13　低压断路器

2．型号含义

低压断路器的型号含义如图 7-14 所示。

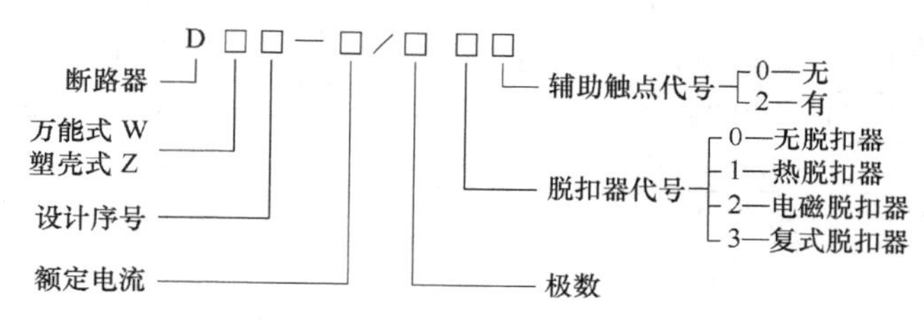

图 7-14　低压断路器的型号含义

3．参数

低压断路器的参数很多，常用的有以下几种。

（1）额定绝缘电压（U_i）：是在规定的条件下，用来度量断路器及其部件在不同电位部分的绝缘强度、电气间隙和爬电距离的标称电压值。

（2）额定工作电压（U_e）：是指断路器在正常（不间断的）情况下工作的电压。额定电压的最大值是额定绝缘电压 U_i。

（3）额定电流（I_n）：是指在规定条件下，断路器在长期工作情况下，各部件的温升不超过规定极限值时所承受的电流值。

（4）壳架等级额定电流（I_{nm}）：是指断路器的主触头允许通过的最大额定电流。

4．选择和使用

低压断路器的选用，一般要考虑的参数有额定电压、额定电流和壳架等级额定电流，其他参数只有在特殊要求时才考虑。

1）低压断路器的额定电压应大于或等于被保护电路的额定电压。

2）低压断路器的壳架等级额定电流应大于或等于被保护电路的计算负载电流。

3）低压断路器的额定电流应大于或等于被保护电路的计算负载电流。

家庭单相电路使用的断路器有 1P、1P+N、2P 三种。其中，1P 断路器是指只检测相线上的电流，若相线上的电流达到额定电流，断路器为相线提供跳闸保护。1P+N 断路器是指可以断开相线和零线，但是电流检测还是只检测相线，为相线提供保护。2P 断路器是指可以断开相线和零线，能同时检测相线和零线上的电流。

以家用断路器 NBE7LE-32 为例，断路器参数上的字母“LE”为“漏电保护”；参数 C10 是指超过 10A 断路器就会跳闸；NBE7LE-32C 中的 32 是指断路器的壳架等级额定电流为 32A，如果电流超过了 32A，断路器会有烧毁的危险，造成不能自动脱扣。

5. 常见故障及修理方法

低压断路器的常见故障及修理方法见表 7-7。

表 7-7 常见故障及修理方法

故障现象	产生原因	修理方法
手动操作断路器不能闭合	1. 电源电压太低	1. 检查线路并调高电源电压
	2. 热脱扣的双金属片尚未冷却复原	2. 等双金属片冷却后再合闸
	3. 欠电压脱扣器无电压或线圈损坏	3. 检查线路，施加电压或调换线圈
电动操作断路器不能闭合	1. 电源电压不符	1. 调换电源
	2. 电源容量不够	2. 增大操作电源容量
	3. 电磁铁拉杆行程不够	3. 调整或调换拉杆
	4. 电动机操作定位开关变位	4. 调整定位开关
电动机起动时断路器立即分断	1. 过电流脱扣器瞬时整定值太小	1. 调整瞬间整定值
	2. 脱扣器某些零件损坏	2. 调换脱扣器或损坏的零部件
	3. 脱扣器反力弹簧断裂或落下	3. 调换弹簧或重新装好弹簧
分励脱扣器不能使断路器分断	1. 线圈短路	1. 调换线圈
	2. 电源电压太低	2. 检修线路调整电源电压
欠电压脱扣器噪声大	1. 反作用弹簧力太大	1. 调整反作用弹簧
	2. 铁心工作面有油污	2. 清除铁心油污
	3. 短路环断裂	3. 调换铁心
欠电压脱扣器不能使断路器分断	1. 反力弹簧弹力变小	1. 调整弹簧
	2. 储能弹簧断裂或弹簧力变小	2. 调换或调整储能弹簧
	3. 机构生锈卡死	3. 清除锈污

6. 注意事项

1）当断路器与熔断器配合使用时，熔断器应装于断路器之前，以保证使用安全。

2）电磁脱扣器的整定值不允许随意改动，使用一段时间后应检查其动作的准确性。

3）断路器在分断短路电流后，应在切除前级电源的情况下及时检查触头。若有严重的电灼痕迹，可用干布擦去，或用细砂纸小心修整。

4）在选择家用断路器电流时，一定要结合实际情况，如额定功率、插座数量等。不可盲目追求大电流，以免电路过载后断路器发生不跳闸的情况。一般照明电路可以选择 1P 或 1P+N 断路器，而插座回路必须选带有漏电保护功能的断路器。

7.3 低压控制电器

低压控制电器主要用于电气传动系统，要求寿命长、体积小、重量轻且动作迅速、准确、可靠。常用的控制电器有按钮、接触器、继电器等。

7.3.1 按钮

按钮是一种广泛使用的控制电器，以短时接通或分断小电流电路的电器，它不直接去控制主电路的通断，而是在控制电路中发出“指令”去控制接触器、继电器等电器，再由它们去控制主电路。

按钮开关的结构种类很多，可分为自复位式、自锁式、蘑菇头式、旋柄式、带指示灯式等，常用按钮和按钮盒的实物图如图 7-15 所示。

图 7-15　常用按钮和按钮盒实物图

1. 按钮的结构

按钮一般由按钮帽、复位弹簧、动触点、静触点和外壳等组成。按钮根据触点结构的不同，可分为常开按钮、常闭按钮和复合按钮等几种。图 7-16 为按钮结构示意图及图形符号。

在未按动按钮之前，上面一对静触点与动触点接通，称为常闭触点；下面一对静触点与动触点是断开的，则称为常开触点。

只具有常闭触点或只具有常开触点的按钮称为单按钮。既有常闭触点也有常开触点的按钮称为复合按钮。当按下按钮时，动触点与上面的静触点分开（称常闭触点断开），而与下面的静触点接通（称常开触点闭合）。当松开按钮时，按钮复位，在弹簧的作用下动触点恢复原位，即常开触点恢复断开，常闭触点恢复闭合。

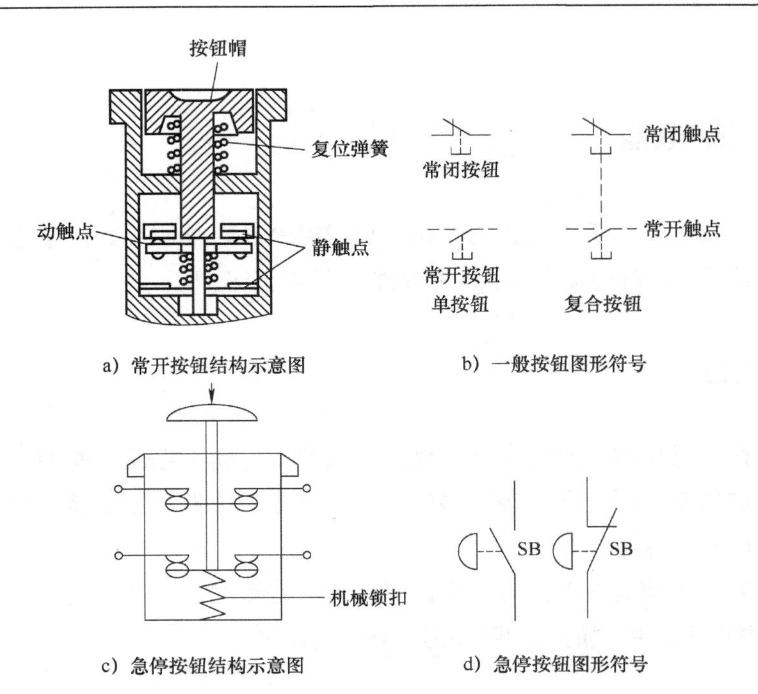

a）常开按钮结构示意图　b）一般按钮图形符号

c）急停按钮结构示意图　d）急停按钮图形符号

图 7-16　按钮结构示意图及图形符号

各触点的通断顺序为：当按下按钮时，常闭触点先断开，常开触点后闭合；当松开按钮时，常开触点先断开，常闭触点后闭合。

2．按钮型号含义

按钮型号含义（以 LAY1 系列为例）如图 7-17 所示。

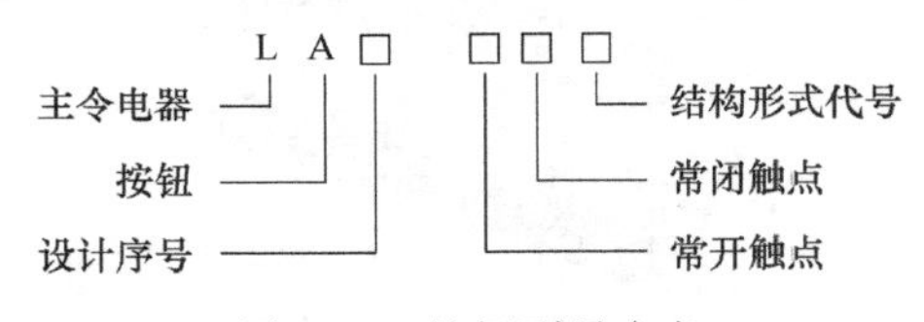

图 7-17　按钮型号含义

3．按钮颜色代表的意义

表 7-8 列出了不同颜色的按钮所代表的意义，以及典型用途。

表 7-8　按钮颜色代表的意义

颜　色	代表意义	典型用途
红	停车、开断	一台或多台电动机的停车 机器设备的一部分停止运行 磁力吸盘或电磁铁的断电 停止周期性的运行
	紧急停车	紧急开断 防止危险性过热的开断

（续）

颜　色	代表意义	典型用途
绿或黑	起动、工作、点动	辅助功能的一台或多台电动机开始起动 机器设备的一部分起动 点动或缓行
黄	应急、待处理、警告	应急操作，处理不正常或不理想的工作周期
白或蓝	以上颜色所未包括的功能	与工作循环无直接关系的辅助功能控制 保护继电器的复位

4．常用中英文按钮标牌名称对照

表 7-9 列出了常用中英文按钮标牌名称对照。

表 7-9　中英文按钮标牌名称对照

序　号	标牌名称		序　号	标牌名称	
	英　文	中　文		英　文	中　文
1	ON	通	9	FAST	高速
2	OFF	断	10	SLOW	低速
3	START	起动	11	HAND	手动
4	STOP	停止	12	AUTO	自动
5	INCH	点动	13	UP	上
6	RUN	运行	14	DOWN	下
7	FORWARD	正转	15	RESET	复位
8	REVERSE	反转	16	EMERGSTOP	急停

5．选择与使用

1）根据使用场合，选择按钮的型号和形式。

2）按工作状态指示和工作情况的要求，选择按钮和指示灯的颜色。

3）按控制电路的需要，确定按钮的触点形式和触点的组数。

4）按钮用于高温场合时，易使塑料变形老化而导致松动，引起接线螺钉间相碰短路，可在接线螺钉处加套绝缘塑料管来防止短路。

5）带指示灯的按钮因灯泡发热，长期使用易使塑料灯罩变形，应降低灯泡电压，延长使用寿命。

6．按钮的常见故障

按钮的常见故障及修理见表 7-10。

表 7-10　按钮的常见故障及修理方法

故障现象	产生原因	修理方法
按下起动按钮时有触电感觉	1．按钮的防护金属外壳与连接导线接触	1．检查按钮内连接导线
	2．按钮帽的缝隙间充满铁屑，使其与导电部分形成通路	2．清理按钮及触头

（续）

故障现象	产生原因	修理方法
按下起动按钮，不能接通电路，控制失灵	1．接线头脱落	1．检查起动按钮连接线
	2．触头磨损松动，接触不良	2．检修触头或调换按钮
	3．动触点弹簧失效，使触头接触不良	3．重绕弹簧或调换按钮
按下停止按钮，不能断开电路	1．接线错误	1．更改接线
	2．尘埃或机油、乳化液等流入按钮形成短路	2．清扫按钮并相应采取密封措施
	3．绝缘击穿短路	3．调换按钮

7．注意事项

1）按钮用于高温场合时，易使塑料老化变形而导致松动，引起接线螺钉间相碰短路，可在接线螺钉处加套绝缘塑料管来防止短路。

2）带指示灯的按钮因灯泡发热，长期使用易使塑料灯罩变形，应降低灯泡电压，以延长使用寿命。

7.3.2 行程开关

行程开关又称位置开关、限位开关，其作用与按钮相同，只是其触头的动作不是靠手动操作，而是利用生产机械某些运动部件上的挡铁碰撞其滚轮使触头动作来实现接通或分断电路，从而达到一定的控制要求，常见的行程开关实物图如图 7-18 所示。

a）撞块直动式

b）单轮直动式

c）单轮旋转式

d）双轮旋转式

e）微动式

图 7-18　行程开关实物图

1．行程开关的分类与结构

行程开关的种类很多，按其结构不同可分为直动式、旋转式、微动式；按其复位方式可分为自动复位式和非自动复位式；按触头性质可分为有触点式和无触点式。

常用的行程开关有直动式和旋转式，如图 7-18 所示。滚轮式又分为自动恢复式和非自动恢复式。非自动恢复式需要运动部件反向运行时撞压使其复位。运动部件速度慢时要选用滚轮式。

直动式行程开关的结构和符号如图 7-19a、b 所示。图中撞块要由运动机械来撞压。

撞块在常态时（未受压时），其常闭触点闭合，常开触点断开。撞块受压时，常闭触点先断开，常开触点后闭合。撞块被释放时，常开和常闭触点均复位。

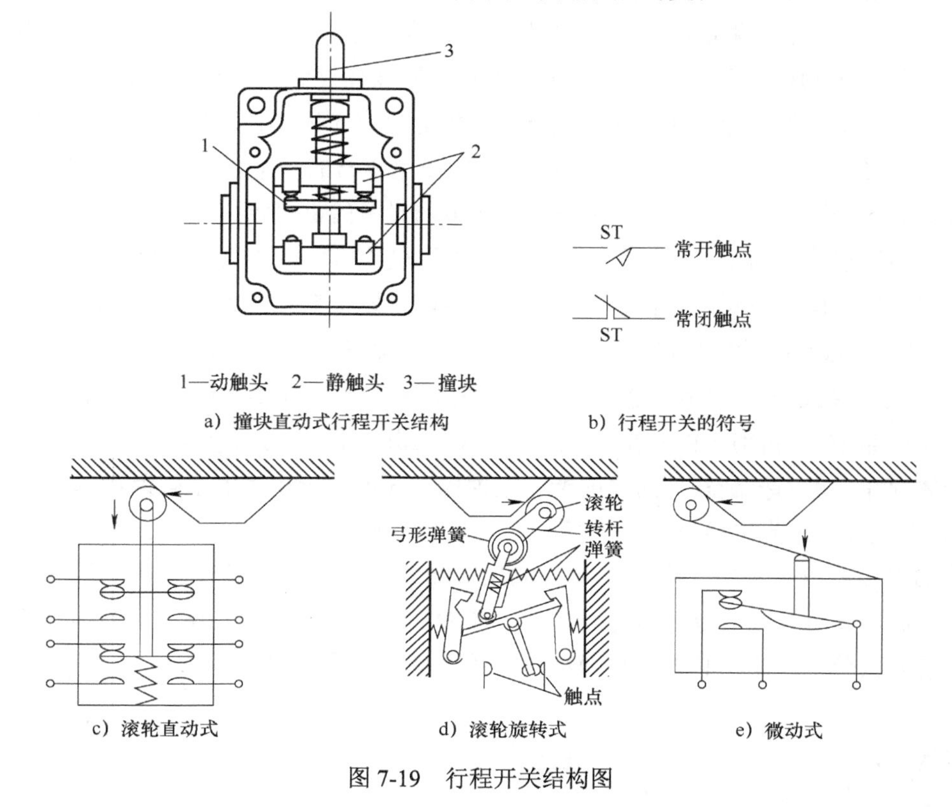

a）撞块直动式行程开关结构　　b）行程开关的符号

c）滚轮直动式　　d）滚轮旋转式　　e）微动式

图 7-19　行程开关结构图

2．无触点行程开关

无触点行程开关又称为接近开关，是一种开关型传感器，它具有行程开关、微动开关的特性，可以代替有触点行程开关来完成行程控制和限位保护，同时还具有传感性能，且动作可靠，性能稳定，频率响应快，应用寿命长，抗干扰能力强，并具有防水、防振、耐腐蚀等特点。它广泛地应用于机床、冶金、化工、轻纺和印刷等行业。在自动控制系统中可作为限位、计数、定位控制和自动保护环节等。

接近开关外形有方形、圆形、槽形和分离形等多种，圆形的常见有 M8、M12、M18 、M30 等规格，如图 7-20 所示。

a）电感式接近开关　　b）圆柱外形和尺寸

图 7-20　接近开关实物图

接近开关按检测元件工作原理可分为电感式、电容式、霍尔式等，不同类型的接近开关所检测的物体不同。

1）电感式接近开关是利用导电物体在靠近其产生的电磁场时，使物体内部产生涡流。涡流反作用到接近开关，使开关内部电路参数发生变化，由此识别出有无导电物体移近，进而控制开关的通或断。这种接近开关所能检测的物体必须是导电体。

2）电容式接近开关是利用被测量物体来构成电容器的一个极板，开关的外壳构成另一个极板。这个外壳在测量过程中通常是接地或与设备的机壳相连接。当有物体移向接近开关时，不论它是否为导体，由于它的接近，总要使电容的介电常数发生变化，从而使电容量发生变化，使得与测量头相连的电路状态也随之发生变化，由此便可控制开关的接通或断开。这种接近开关检测的对象，不限于导体，可以是绝缘的液体或粉状物等。

3）霍尔式接近开关是利用霍尔元件做成的开关。当磁性物件移近霍尔开关时，开关检测面上的霍尔元件因产生霍尔效应而使开关内部电路状态发生变化，由此识别附近有磁性物体存在，进而控制开关的通或断。这种接近开关的检测对象是磁性物体。

4）光电开关是光电接近开关的简称，它是利用被检测物体对光束的遮挡或反射来检测物体的有无。物体不限于金属，所有能反射光线（或者对光线有遮挡作用）的物体均可以被检测。光电开关可分为激光对射光电开关、漫反射光电开关等，如图 7-21 所示。

接近开关分为有源型和无源型两种，其图形符号如图 7-22 所示。

a）激光对射光电开关　　b）漫反射光电开关

图 7-21　光电接近开关

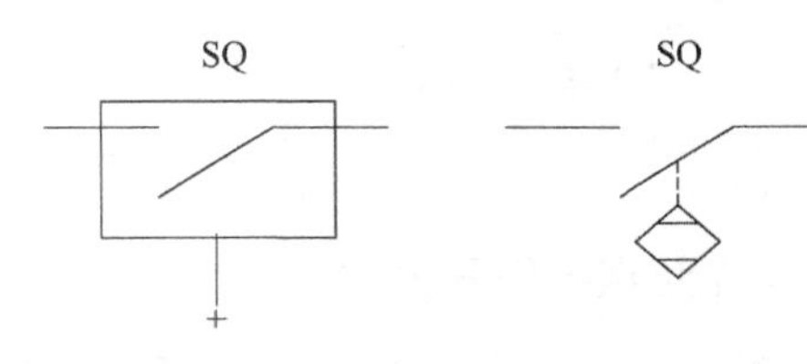

a）有源型接近开关　　b）无源型接近开关

图 7-22　接近开关

有源型接近开关主要包括检测元件、放大电路、输出驱动电路三部分，如图 7-23 所示。

接近开关输出形式有二线、三线和四线式几种，晶体管输出类型有 NPN 和 PNP 两种。图 7-24 为三线式 NPN 和 PNP 型光电式接近开关的工作示意图。

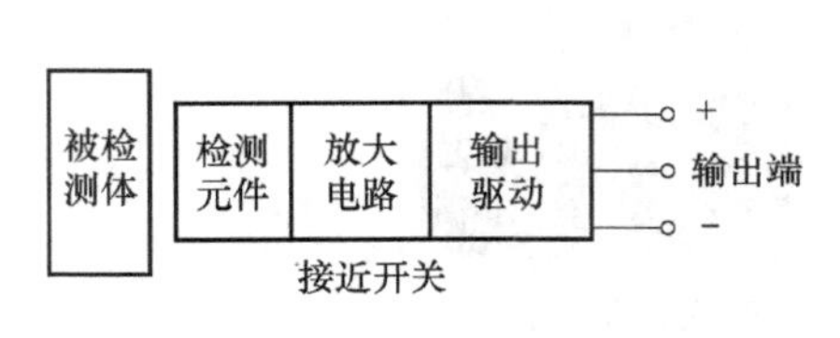

图 7-23　有源型接近开关结构框图

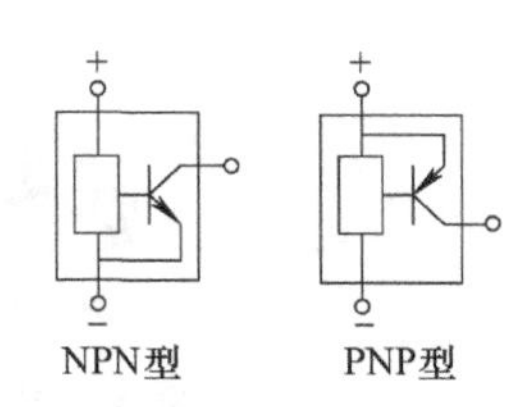

图 7-24　NPN 和 PNP 型光电式接近开关

三线式接近开关的接线方法为：红（棕）线接电源正极；蓝线接电源负极；黄（黑）线为信号，接负载。接近开关的负载可以是信号灯、继电器线圈或可编程序控制器（PLC）的数字量输入模块，如图 7-25 所示。负载的另一端的接法为：对于 NPN 型接近开关，应接到电源正极；对于 PNP 型接近开关，则应接到电源负极（0V）。

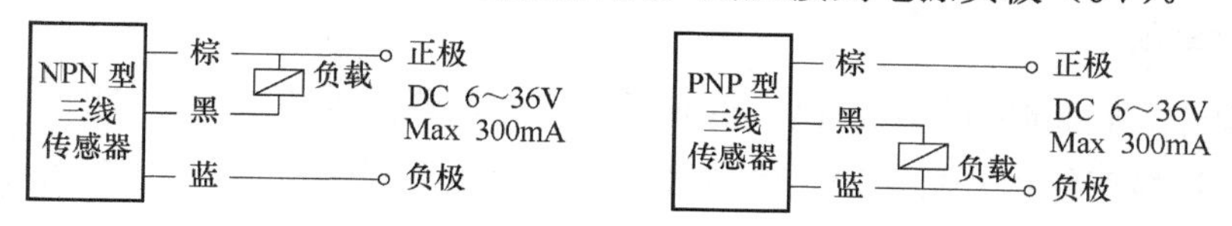

图 7-25　NPN 和 PNP 型三线式接近开关的接线

需要特别注意，接到 PLC 数字输入模块的三线式接近开关的类型选择。PLC 数字量输入模块一般可分为两类：一类的公共输入端为电源负极，电流从输入模块流出，要选用 PNP 型接近开关；另一类的公共输入端为电源正极，电流流入输入模块，要选用 NPN 型接近开关。

3. 型号含义

行程开关的型号含义如图 7-26 所示。

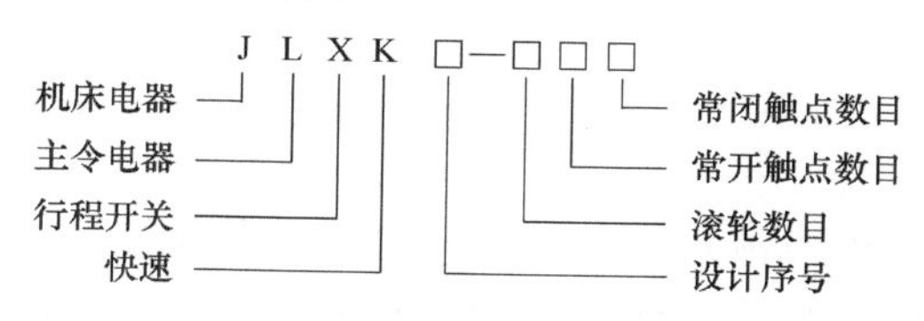

图 7-26　行程开关的型号含义

4. 选择与使用

1）根据控制回路的电压和电流选择采用何种类型的行程开关。

2）根据机械与行程开关的传力与位移关系选择合适的头部结构形式。

5. 行程开关的常见故障

行程开关的常见故障及修理方法见表 7-11。

表 7-11　行程开关的常见故障及修理方法

故障现象	产生原因	修理方法
挡铁碰撞开关，触点不动作	1. 开关位置安装不当	1. 调整开关的位置
	2. 触点接触不良	2. 清洗触点
	3. 触点连接线脱落	3. 紧固连接线
位置开关复位后，常闭触点不能闭合	1. 触杆被杂物卡住	1. 清扫开关
	2. 动触点脱落	2. 重新调整动触点
	3. 弹簧弹力减退或被卡住	3. 调换弹簧
	4. 触点偏斜	4. 调换触点

（续）

故障现象	产生原因	修理方法
杠杆偏转后触点未动	1．行程开关位置太低	1．将开关向上调到合适位置
	2．机械卡阻	2．打开后盖清扫开关

6．注意事项

1）行程开关安装时位置要准确，否则不能达到位置控制和限位的目的。

2）应定期检查行程开关，以免触点接触不良而达不到行程和限位控制的目的。

7.3.3　接触器

接触器是电力拖动与自动控制系统中一种非常重要的低压电器，它是控制电器，利用电磁吸力和弹簧反力的配合作用，实现触点闭合与断开，是一种电磁式的自动切换电器。

接触器适用于远距离频繁地接通或断开交直流主电路及大容量的控制电路。其主要控制对象是电动机，也可控制其他负载。接触器不仅能实现远距离自动操作及欠电压和失电压保护功能，而且具有控制容量大、工作可靠、操作频率高、使用寿命长等特点。

1．分类与结构

接触器按主触点通过的电流种类，分为交流接触器和直流接触器两大类，直流接触器的线圈使用直流电，交流接触器的线圈使用交流电。以交流接触器为例，它的外形如图 7-27 所示。

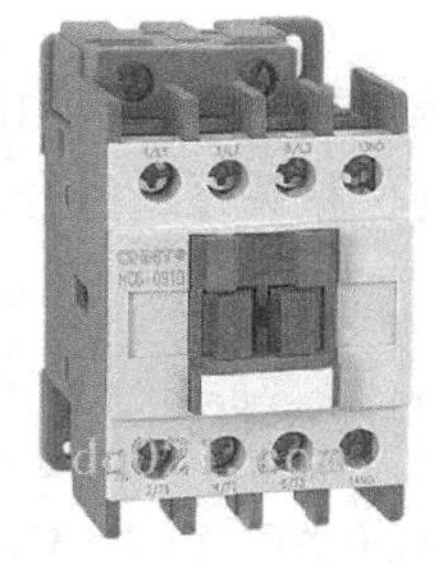

图 7-27　接触器

交流接触器的结构示意图和符号如图 7-28 所示，它主要由电磁铁和触点组成。其中电磁铁主要由静铁心、动铁心和线圈组成。触点可以分为主触点和辅助触点（图中没画辅助触点）两类。交流接触器的主、辅触点通过绝缘支架与动铁心连成一体，当动铁心运动时带动各触点一起动作。主触点能通过大电流，一般接在主电路中；辅助触点通过的电流较小，一般接在控制电路中。

触点的动作是由动铁心带动的，当线圈通电时动铁心下落，使常开的主触点和辅助触点闭合，常闭的辅助触点断开。当线圈欠电压或失去电压时，动铁心在支承弹簧的作用下弹起，带动主、辅触点恢复常态。

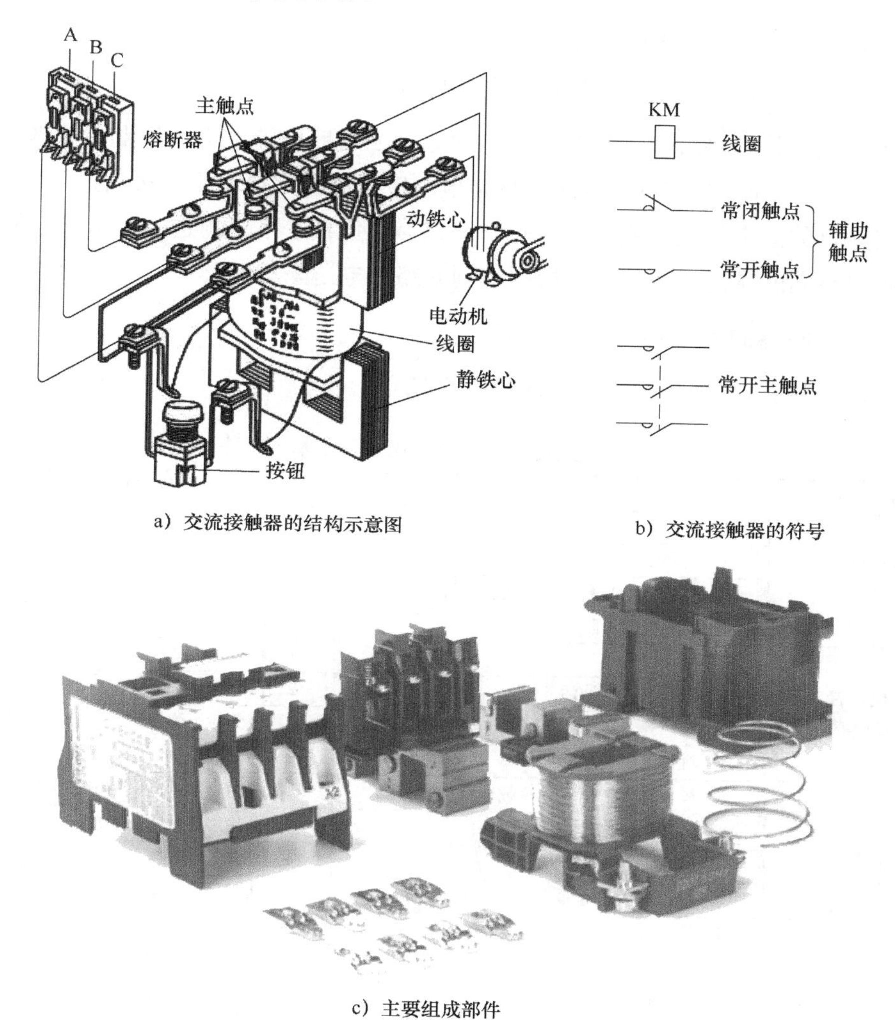

a）交流接触器的结构示意图

b）交流接触器的符号

c）主要组成部件

图 7-28　交流接触器

当主电路的大电流通过主触点时，在触点断开时触点间会产生电弧而烧坏触点，所以交流接触器一般都配有灭弧罩。交流接触器的主触点通常做成桥式，它有两个断点，以降低触点断开时加在触点上的电压，使电弧容易熄灭。

2. 型号含义

交流接触器的型号含义如图 7-29 所示。

3. 选择与使用

1）接触器的类型有交流和直流两类，应根据负载电流的类型和负载的轻重来选择。

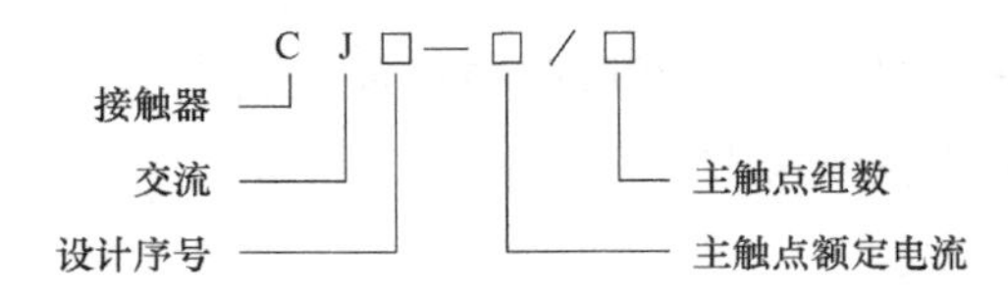

图 7-29　交流接触器的型号含义

2）操作频率是指接触器每小时通断的次数。当通断电流较大及通断频率较高时，会使触点过热甚至熔焊。操作频率若超过规定值，应选用额定电流大一级的接触器。

3）主触点的额定电流（或电压）应大于或等于负载电路的额定电流（或电压）。

4）吸引线圈的额定电压，则应根据控制回路的电压来选择。

4．交流接触器的常见故障及修理方法

交流接触器的常见故障及修理方法见表 7-12。

表 7-12　交流接触器的常见故障及修理方法

故障现象	产生原因	修理方法
接触器不吸合或吸不牢	1．电源电压过低	1．调高电源电压
	2．线圈断路	2．调换线圈
	3．线圈技术参数与使用条件不符	3．调换线圈
	4．铁心机械卡阻	4．清除卡阻物
线圈断电，接触器不释放或释放缓慢	1．触点熔焊	1．清除熔焊故障，修理或更换触点
	2．铁心表面有油污	2．清理铁心表面
	3．触点弹簧压力过小或反作用弹簧损坏	3．调整触点弹簧力或更换反作用弹簧
	4．机械卡阻	4．清除卡阻物
触点熔焊	1．操作频率过高或过负载使用	1．调换合适的接触器或减小负载
	2．负载侧短路	2．清除短路故障更换触点
	3．触点弹簧压力过小	3．调整触点弹簧压力
	4．触点表面有电弧灼伤	4．清理触点表面
	5．机械卡阻	5．清除卡阻物
铁心噪声过大	1．电源电压过低	1．检查线路并提高电源电压
	2．短路环断裂	2．调换铁心或短路环
	3．铁心机械卡阻	3．清除卡阻物
	4．铁心表面有油垢或磨损不平	4．用汽油清洗表面或更换铁心
	5．触点弹簧压力过大	5．调整触点弹簧压力
线圈过热或烧毁	1．线圈匝间短路	1．更换线圈并找出故障原因
	2．操作频率过高	2．调换合适的接触器
	3．线圈参数与实际使用条件不符	3．调换线圈或接触器
	4．铁心机械卡阻	4．清除卡阻物

5．注意事项

1）接触器安装前应先检查线圈的额定电压是否与实际需要相符。

2）接触器的安装多为垂直安装，其倾斜角不得超过 5°，否则会影响接触器的动作特性；安装有散热孔的接触器时，应将散热孔放在上下位置，以降低线圈的温升。

3）接触器安装与接线时应将螺钉拧紧，以防振动松脱。

4）接线器的触点应定期清理，若触点表面有电弧灼伤时，应及时修复。

7.3.4　中间继电器

中间继电器是最常用的继电器之一，其结构和接触器基本相同，它在控制电路中起逻辑变换和状态记忆的功能，还可用于扩展接点的容量和数量，或将信号同时传给几个控制元件，另外在控制电路中还可以调节各继电器、开关之间的动作，防止电路误动作。其结构示意图和图形符号如图 7-30 所示。

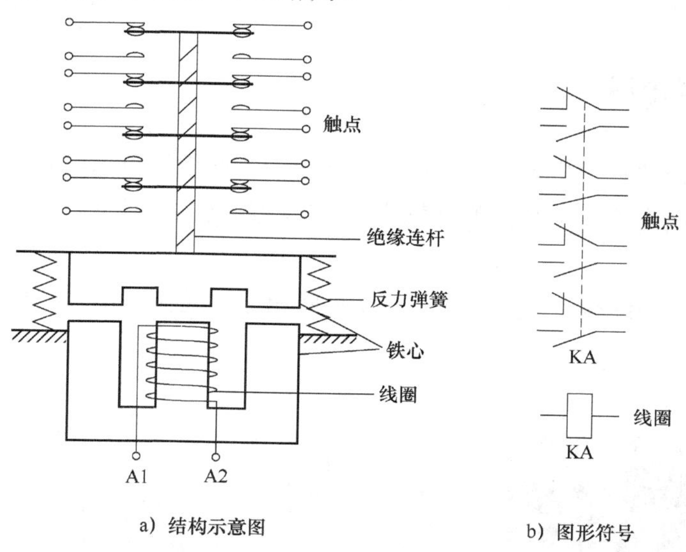

a）结构示意图　　b）图形符号

图 7-30　中间继电器的结构示意图和图形符号

中间继电器一般触点对数多，触点容量额定电流为 5～10A 左右。中间继电器体积小，动作灵敏度高，一般不用于直接控制电路的负荷。

中间继电器种类较多，图 7-31 所示的是型号为 JZ7-62 中间继电器，JZ7-62 型号中间继电器，触点不够时，在继电器的上面可加型号为 F4 辅助触点组。

a）JZ7- 62中间继电器

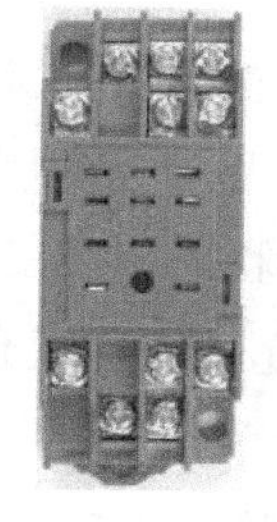

b）小型中间继电器和底座

图 7-31　中间继电器

中间继电器的使用和选用与交流接触器相似，但中间继电器容量较小，一般不能在主电路中应用。中间继电器一般根据负载电流的类型、电压等级和触点数量来选择。中间继电器与接触器的不同之处有：

1）作用不同，接触器是一种容量较大的自动开关电器，中间继电器是在电路中起增加触点数量和中间放大作用的控制电器，容量小。

2）结构不同，接触器有主触点、辅助触点之分，中间继电器触点容量相同且触点对数多。

3）接触器有灭弧装置，中间继电器无灭弧装置。

中间继电器的常见故障及检修方法与接触器类似。

7.3.5 热继电器

热继电器是一种基于热效应的过载保护装置，主要用于电动机和其他设备的保护。它通过监测电流产生的热量来检测过载情况，当检测到过载时，热继电器会切断电路以防止设备损坏。

热继电器有两相结构、三相结构、三相带断相保护装置等类型，常见外形如图 7-32 所示。

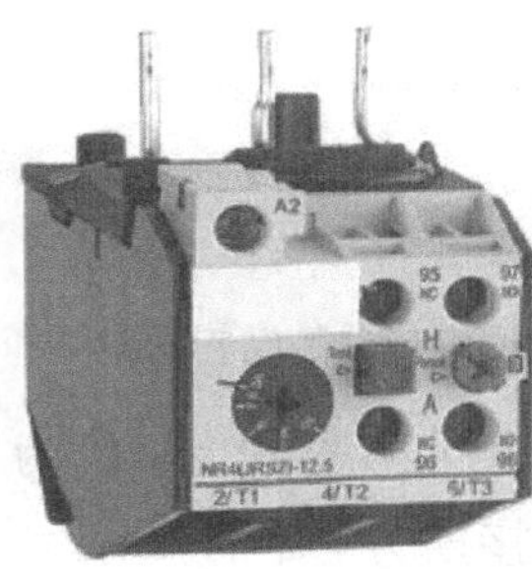

图 7-32 热继电器

1. 热继电器的结构

热继电器的主要组成部分有热元件、双金属片、执行机构、整定装置和触点等。图 7-33a 是热继电器结构示意图，图 7-33b 所示是其图形符号。

发热元件是电阻不太大的电阻丝，接在电动机的主电路中。双金属片是由两种膨胀系数不同的金属碾压而成。发热元件绕在双金属片上，两者绝缘。

如果双金属片的下片较上片膨胀系数大，那么当主电路电流超过容许值一段时间后，发热元件发热使双金属片受热膨胀而向上弯曲，双金属片与扣板脱离。扣板在弹簧的拉力作用下向左移动，从而使常闭触点断开。因常闭触点串联在电动机的控制电路中，所以切断了接触器线圈的电路，使主电路断电。发热元件断电后，双金属片冷却后可恢复常态，这时按下复位按钮使常闭触点复位。

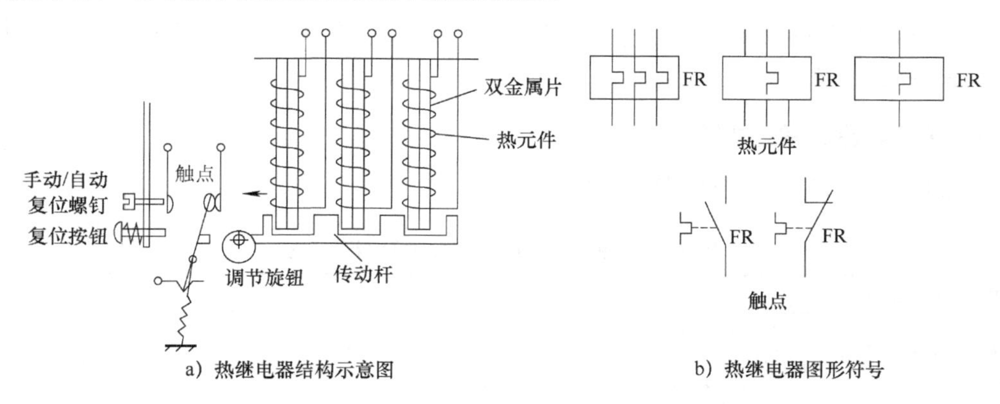

a）热继电器结构示意图　　b）热继电器图形符号

图 7-33　热继电器

热继电器是利用热效应工作的。由于热惯性，在电动机起动和短时过载时，热继电器是不会动作的，这样可避免不必要的停机。发生短路时，热继电器不能立即动作，所以热继电器不能用作短路保护。

热继电器的主要技术数据是整定电流。所谓整定电流，是指当发热元件中通过的电流超过此值的 20%时，热继电器应当在 20min 内动作。每种型号的热继电器的整定电流都有一定范围，要根据整定电流选用热继电器。例如，JR0—40 型的热电器整定电流为 0.6～40A，发热元件有 9 种规格。整定电流与电动机的额定电流基本一致，使用时要根据实际情况通过整定装置进行整定。

2．型号含义

热继电器的型号含义如图 7-34 所示

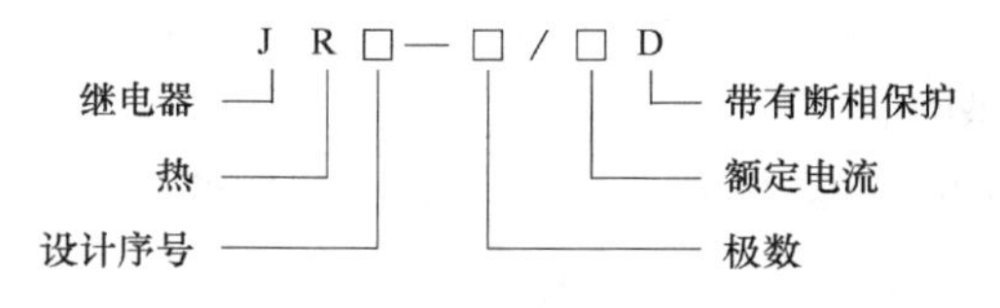

图 7-34　热继电器的型号含义

3．热继电器的选择和使用

选用热继电器作为电动机的过载保护时，应使电动机在短时过载和起动瞬间不受影响。

1）一般轻载起动、短时工作，可选择二相结构的热继电器；当电源电压的均衡性和工作环境较差或多台电动机的功率差别较显著时，可选择三相结构的热继电器；对于三角形接法的电动机，应选用带断相保护装置的热继电器。

2）热继电器的额定电流及型号选择：热继电器的额定电流应大于电动机的额定电流。

3）热元件的整定电流选择：一般将整定电流调整到等于电动机的额定电流；对过载能力差的电动机，可将热元件整定值调整到电动机额定电流的 0.6～0.8 倍；对启动时间较长，拖动冲击性负载或不允许停车的电动机，热元件的整定电流应调节到电动机额定电流的 1.1～1.15 倍。

4. 热继电器的常见故障及修理方法

热继电器的常见故障及修理方法见表 7-13。

表 7-13　热继电器的常见故障及修理方法

故障现象	产生原因	修理方法
热继电器误动作或动作太快	1. 整定电流偏小	1. 调大整定电流
	2. 操作频率过高	2. 调换热继电器或限定操作频率
	3. 连接导线太细	3. 选用标准导线
热继电器不动作	1. 整定电流偏大	1. 调小整定电流
	2. 热元件烧断或脱焊	2. 更换热元件或热继电器
	3. 导板脱出	3. 重新放置导板并试验动作灵活性
热元件烧断	1. 负载侧电流过大	1. 清除故障更换热继电器
	2. 反复短时工作，操作频率过高	2. 限定操作频率或调换合适的热继电器
主电路不通	1. 热元件烧毁	1. 更换热元件或热继电器
	2. 接线螺钉未压紧	2. 旋紧接线螺钉
控制电路不通	1. 热继电器常闭触头接触不良或弹性消失	1. 检修常闭触点
	2. 手动复位的热继电器动作后，未手动复位	2. 手动复位

5. 注意事项

1）当电动机起动时间过长或操作次数过于频繁时，会使热继电器误动作或烧坏电器，故这种情况一般不用热继电器做过载保护。

2）当热继电器与其他电器安装在一起时，应将它安装在其他电器的下方，以免其动作特性受到其他电器发热的影响。

3）热继电器出线端的连接导线应选择合适。若导线过细，则热继电器可能提前动作；若导线太粗，则热继电器可能滞后动作。

7.3.6　时间继电器

时间继电器是对控制电路实现时间控制的电器，其种类很多，按延时方式可分为通电延时型和断电延时型，按其动作原理可分为电磁式、空气阻尼式、电动式和电子式等，常见时间继电器外形如图 7-35 所示。

1. 时间继电器的结构

图 7-36 是空气阻尼式时间继电器的结构示意图与符号。空气阻尼式时间继电器的主

要组成部分是电磁铁、空气室、微动开关。空气室中伞形活塞 5 的表面固定有一层橡皮膜 6，将空气室分为上、下两个空间。活塞杆 3 的下端固定着杠杆 8 的一端。上、下两个微动开关中，一个是延时动作的微动开关 9，一个是瞬时动作的微动开关 13，它们各有一个常开和常闭触点。

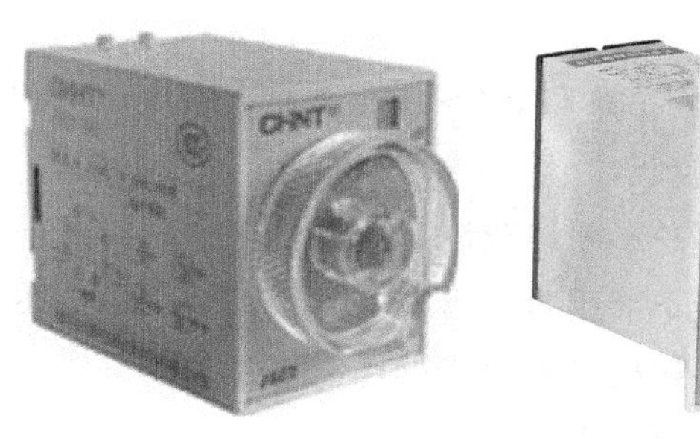

图 7-35　时间继电器

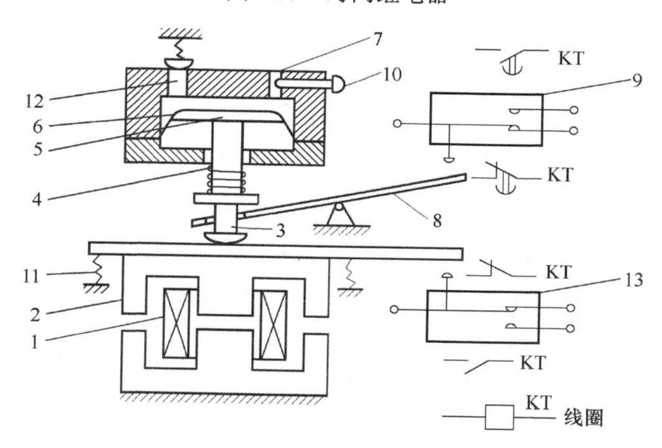

图 7-36　通电延时的时间继电器结构示意图与符号

1—吸引线圈　2—动铁心　3—活塞杆　4—释放弹簧　5—伞形活塞　6—橡皮膜　7—进气孔
8—杠杆　9、13—微动开关　10—调节螺钉　11—恢复弹簧　12—出气孔

空气阻尼式时间继电器是利用空气阻尼作用来达到延时控制目的的。其工作原理如下。

1）当电磁铁的吸引线圈 1 通电后动铁心 2 被吸下，使动铁心与活塞杆 3 下端之间出现一段距离。在释放弹簧 4 的作用下，活塞杆向下移动，造成上空气室空气稀薄，活塞受到下空气室空气的压力，不能迅速下移。当调节螺钉 10 时可改变进气孔 7 的进气量，使活塞以需要的速度下移。活塞杆移动到一定位置时，杠杆 8 的另一端使微动开关 9 中的触点动作。

2）当线圈断电时，依靠恢复弹簧 11 的作用使各触点复位，空气由出气孔 12 被迅速排出。

3）瞬时动作的微动开关 13 中的触点，在电磁铁的线圈通电或断电时均立即动作。

图 7-36 所示是通电延时型的时间继电器，其延时时间为自电磁铁线圈通电时刻起，

到延时动作的微动开关中触点动作所经历的时间。通过调节螺钉 10 调节进气孔的大小，可调节延时时间。

图 7-36 中的时间继电器触点分为两类：微动开关 9 中有延时断开的常闭触点和延时闭合的常开触点，微动开关 13 中有瞬时动作的常开和常闭触点。要注意它们符号和动作的区别。

空气阻尼式时间继电器的延时范围有 0.4～60s 和 0.4～180s 两种。与电磁式和电动式时间继电器比较，其结构较简单，但准确度较低。

近年来，各种控制电器的功能和外形都在不断地改进，把交流接触器、时间继电器等做成组件式结构。当使用交流接触器触点不够用时，可以把一组或几组触点组件插入接触器上固定的座槽里，组件的触点就受接触器电磁机构的驱动，从而节省了中间继电器的电磁机构。当需要使用时间继电器时，可以把空气阻尼组件插入接触器的座槽中，接触器的电磁机构就作为空气阻尼组件的驱动机构，这样也节省了时间继电器的电磁机构，从而减小了控制柜的体积和重量，也节省了电能。

2．型号含义

时间继电器的型号含义如图 7-37 所示。

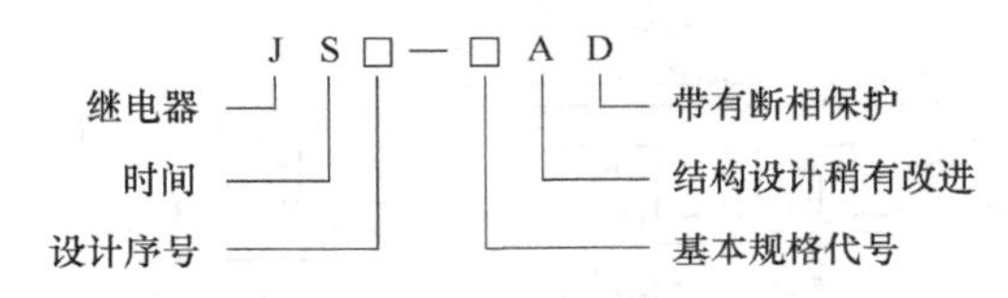

图 7-37　时间继电器的型号含义

3．选择与使用

1）类型选择：对于延时要求不高的场合，一般采用价格较低的 JS7—A 系列时间继电器，对于延时要求较高的场合，可采用 JS11、JS20 系列的时间继电器。

2）延时方式的选择：时间继电器有通电延时和继电延时两种，应根据控制线路的要求来确定一种延时方式。

3）线圈电压的选择：根据控制线路电压来选择时间继电器吸引线圈的电压。

4．时间继电器的常见故障及修理方法

表 7-14 以气囊式时间继电器为例，讲述常见故障及修理方法。

表 7-14　时间继电器的常见故障及修理方法

故障现象	产生原因	修理方法
延时触点不动作	1．电磁铁线圈断线	1．更换线圈
	2．电源电压低于线圈额定电压很多	2．更换线圈或调高电源电压
	3．电动式时间继电器的同步电动机线圈断线	3．调换同步电动机

（续）

故障现象	产生原因	修理方法
延时时间缩短	1. 空气阻尼式时间继电器的气室装配不严，漏气	1. 修理或调换气室
	2. 空气阻尼式时间继电器的气室内橡皮薄膜损坏	2. 调换橡皮薄膜
延时时间变长	1. 空气阻尼式时间继电器的气室内有灰尘，使气道阻塞	1. 清除气室内灰尘，使气道畅通
	2. 电动式时间继电器的传动机构缺润滑油	2. 加入适量的润滑油

5. 注意事项

1）JS7—A 系列时间继电器只要将线圈转动 180°，即可将通电延时改为断电延时结构。

2）JS7—A 系列时间继电器由于无刻度，故不能准确地调整延时时间。

3）JS11—□1 系列通电延时继电器，必须在分断离合器电磁铁线圈电源时才能调节延时值；而 JS11—□2 系列断电延时继电器，必须在接通离合器电磁铁线圈电源时才能调节延时值。

第 8 章　三相异步电动机控制

在工农业生产中，生产设备的运动部件大多数是由电动机驱动的，通过对电动机的控制，如起动、正反转和调速等，来实现对生产机械的控制。本章主要介绍电动机的基础知识和基本控制电路。

8.1　三相异步电动机介绍

三相异步电动机也称三相感应电动机，具有结构简单、可靠耐用、维护方便和价格便宜等优点，广泛应用于各个领域，外形如图 8-1 所示。

图 8-1　三相异步电动机的外形

8.1.1　三相异步电动机的分类与结构

三相异步电动机的主要分类见表 8-1。

表 8-1　三相异步电动机的主要分类

分类方式	类　别
按转子绕组形式	笼型，绕线转子
按电动机尺寸	大型，中型，小型
按防护形式	开启式，防护式，封闭式
按通风冷却方式	自冷式，自扇冷式，他扇冷式，管道通风式
按安装结构形式	卧式，立式，带底脚，带凸缘
按绝缘等级	E 级，B 级，F 级，H 级
按工作定额	连续，短时，断续

三相异步电动机主要由定子、转子两大部分组成。如图 8-2 所示是三相笼型异步电动机的结构。

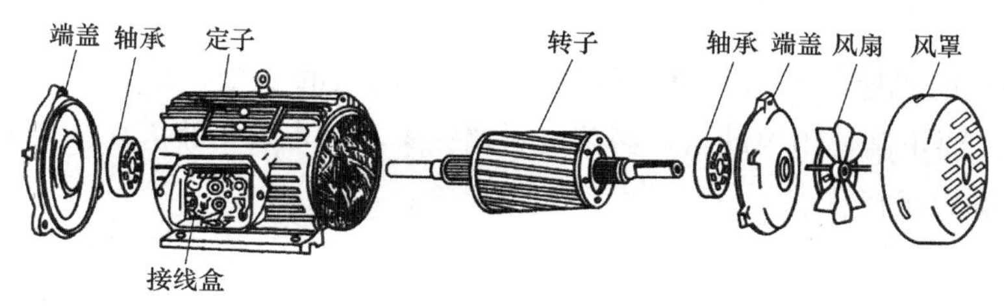

图 8-2　三相笼型异步电动机的结构

（1）定子

三相异步电动机的定子由机座、定子铁心和三相绕组等组成。机座通常由铸铁或铸钢制成，机座内装有筒形的铁心，铁心由很薄且表面绝缘的硅钢片叠制而成，如图 8-3a、b 所示。三相异步电动机的定子绕组由三相对称漆包线绕组构成，按一定空间角度依次嵌放在定子槽内，并与铁心绝缘，如图 8-3c 所示。

a）定子的硅钢片　　b）未装绕组的定子　　c）装有绕组的定子

图 8-3　三相异步电动机的定子铁心

（2）转子

三相异步电动机的转子由转轴、转子铁心和转子绕组组成，转子可分为笼型和绕线转子两种，常见的是笼型。

笼型转子由铜条或铝条与金属短路环（称为端环）焊接而成，其形状与鼠笼相似，如图 8-4a 所示。铸铝转子是用熔化的铝浇铸制成的，在浇铸的同时，把转子端环和冷却电动机用的转子风叶也一并铸成，如图 8-4b、c 所示。

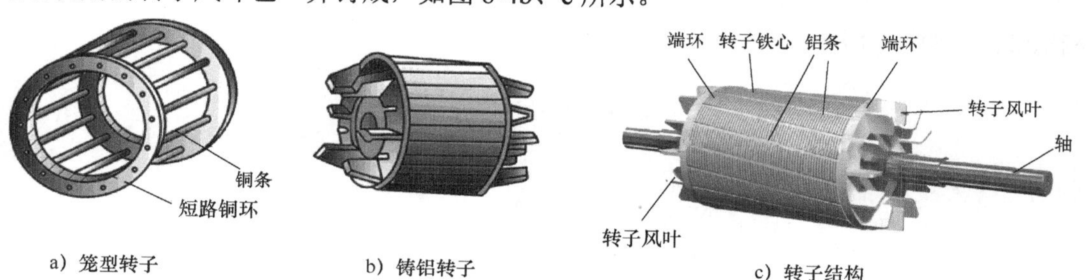

a）笼型转子　　b）铸铝转子　　c）转子结构

图 8-4　三相异步电动机的转子结构

8.1.2 三相异步电动机的参数

每台电动机的机座上都有一个铭牌，标记了电动机的型号、额定值和连接方法等，如图 8-5 所示。要正确使用电动机，必须能看懂铭牌。按电动机铭牌所规定的条件和额定值运行，称为额定运行状态。

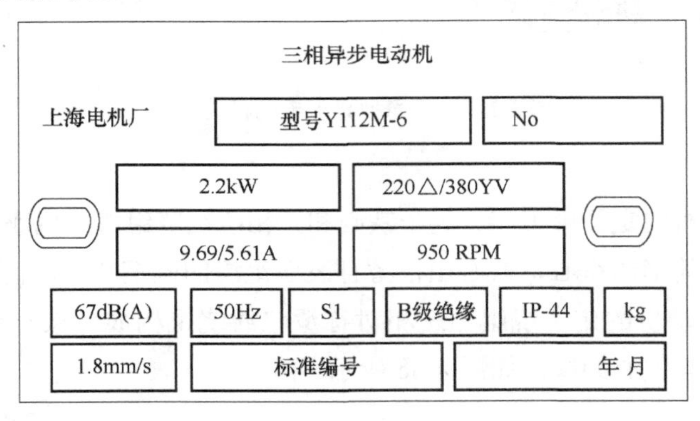

图 8-5 电动机的铭牌

（1）型号：代表了电动机的产品代号、规格代号和特殊环境代号。国产中小型异步电动机的型号一般由汉语拼音字母和一些阿拉伯数字组成，其含义如图 8-6 所示。

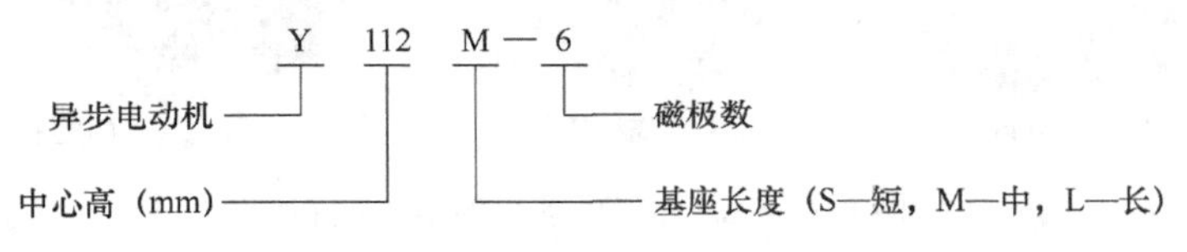

图 8-6 异步电动机的型号

（2）额定功率 P_N：指电动机在额定运行时轴上输出的机械功率，单位为 kW。

（3）额定电压 U_N 与接法：指电动机在额定运行时定子绕组应加的线电压，单位为 V。图 8-7 中铭牌标注 220△/380YV，是指当电源线电压为 220V 时，定子绕组应采用三角形（△）联结；而电源线电压为 380V 时，定子绕组应采用星形（Y）联结。

星形联结：将三相绕组的尾端 U_2、V_2、W_2 短接在一起，首端 U_1、V_1、W_1 分别接三相电源，如图 8-7 所示。

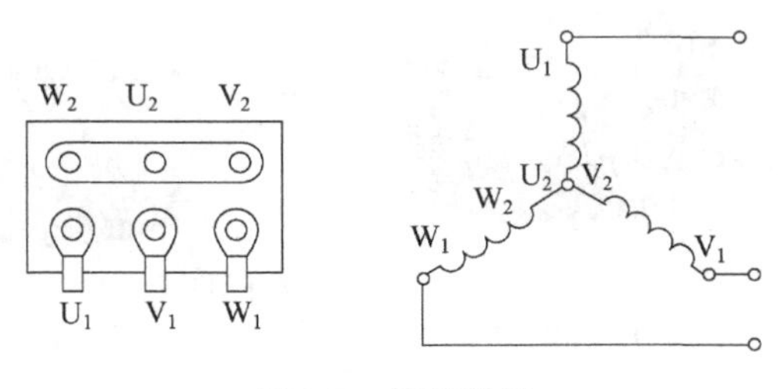

图 8-7 星形联结

三角形联结：将第一相的尾端 U_2 与第二相的首端 V_1 短接，第二相的尾端 V_2 与第三相的首端 W_1 短接，第三相的尾端 W_2 与第一相的首端 U_1 短接；然后将三个接点分别接到三相电源上，如图 8-8 所示。

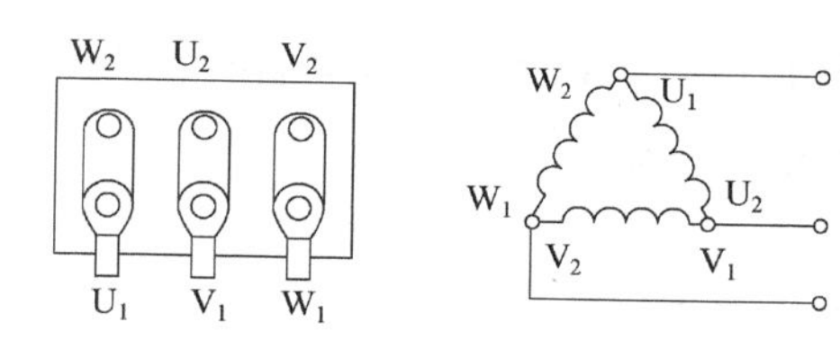

图 8-8　三角形联结

不管星形联结还是三角形联结，调换三相电源的任意两相即可得到方向相反的转向。

（4）额定电流 I_N：指电动机在额定运行时定子绕组的线电流，单位为 A。

（5）额定频率 f_N：指加在电动机定子绕组上的允许频率，单位为 Hz。

（6）额定转速 n_N：指电动机在额定电压、额定频率和额定输出功率情况下，电动机的转速，单位是 RPM（转每分钟）。

（7）绝缘等级：指电动机内部所用绝缘材料允许的最高温度等级，它决定了电动机工作时允许的温升。各种等级对应的温度关系见表 8-2。

表 8-2　电动机允许温升与绝缘耐热等级关系

绝缘耐热等级	A	E	B	F	H	C
允许最高温度/（℃）	105	120	130	155	180	180 以上

（8）工作制是说明电动机承受负载能力的一个重要指标。根据电动机的运行情况，分为连续工作制、短时工作制和断续周期工作制三种类型。工作制是用户选择电动机的重要依据。

连续工作制（S1），该种电动机在铭牌上规定的额定值条件下，能够长时间连续运行，适用于水泵、鼓风机等恒定负载的设备。

短时工作制（S2），该种电动机在铭牌规定的额定值下，能在限定时间内短时运行。规定的标准短时持续时间定额有 10min、30min、60min 和 90min 四种，适用于转炉装置以及闸门等的驱动系统。

断续周期工作制（S3），该种电动机在铭牌规定的额定值下，只能断续周期性地运行。一个工作周期时间为电动机恒定负载运行时间加停机和断续时间。规定为 10min，负载持续率（额定负载持续时间与一个工作周期时间之比，用百分数表示）规定的标准有 15%、25%、40%及 60%四种。适用于升降机、起重机等负载设备。

此外，三相异步电动机铭牌上还标有定额、防护等级和噪声量等。

8.2 控制电路

任何复杂的控制电路都是由一些基本的控制电路组成的。掌握这些基本控制电路，是分析和设计较复杂控制电路的基础。

8.2.1 直接起停控制电路

三相异步电动机（以下简称电动机）的起动方法有全压起动和减压起动两种。

全压起动又称直接起动，是指电动机直接在额定电压下起动。直接起动电路具有结构简单、维修方便等优点。一般情况下，当电动机功率小于 10kW 时用全压起动。

直接起动电路分为主电路和控制电路两部分。

主电路由刀开关 QS、熔断器 FU、接触器的主触点 KM、热继电器 FR 以及电动机 M 组成，如图 8-9 所示。

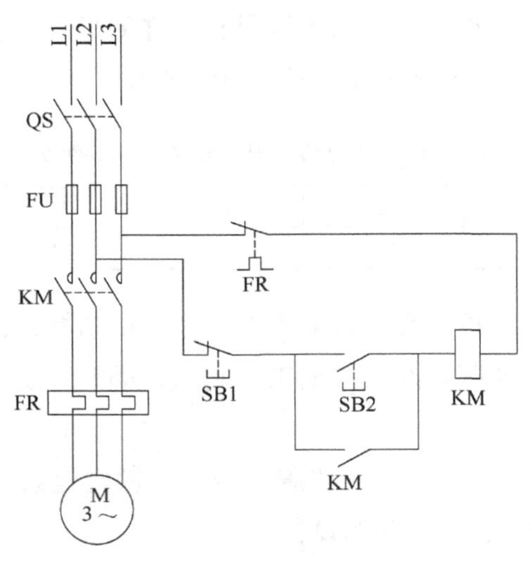

图 8-9　电动机直接起停控制电路

控制电路由常闭按钮 SB1，常开按钮 SB2，接触器的线圈 KM 及其常开辅助触点 KM，以及热继电器的常闭触点 FR 组成。

具体工作过程描述如下：

1）合上开关 QS，为电动机起动做好准备。

2）按下起动按钮 SB2，控制电路中接触器线圈 KM 通电，其三个主触点闭合，电动机 M 通电并起动。松开 SB2，由于线圈 KM 通电时其常开辅助触点 KM 也同时闭合，所以线圈通过闭合的辅助触点 KM 仍继续通电而使其所有常开触点保持闭合状态，与 SB2

并联的常开触点 KM 被称为自锁触点。

3）按下 SB1，线圈 KM 断电，接触器动铁心释放，各触点恢复到常态，电动机停转。

关于图 8-9 电路中用到的保护措施，具体说明如下：

（1）短路保护

电路中的熔断器起短路保护作用。一旦发生短路，熔断器中的熔体立即熔断，可以避免电源中通过短路电流。同时切断主电路，电动机立即停转。

（2）过载保护

热继电器起过载保护作用。当过载一段时间后，主电路中的元件 FR 发热使双金属片动作，将使控制电路中的常闭触点 FR 断开，从而使接触器线圈断电，接触器主触点断开，电动机停转。另外，当电动机在单相运行时（即断一根相线），仍有两个热元件通有过载电流，从而也保护了电动机不会长时间缺相运行。

（3）失压保护

交流接触器在此电路中起失压保护作用。当暂时停电或电源电压严重下降时，接触器的动铁心释放，从而使主触点断开，电动机自动脱离电源并停止转动。当复电时，若不重新按下 SB2，电动机不会自行起动。这种作用称为失压或零压保护。如果用刀开关直接控制电动机，而停电时没有及时断开刀开关，复电时电动机会自行起动。如果将 SB2 换成不能自动复位的开关，那么即使使用了接触器也不能实现失压保护。

8.2.2　电动机的点动控制

所谓点动控制，就是按下起动按钮时电动机转动，松开按钮时电动机立即停转。电动机的点动控制电路如图 8-10 所示。其控制过程如下：

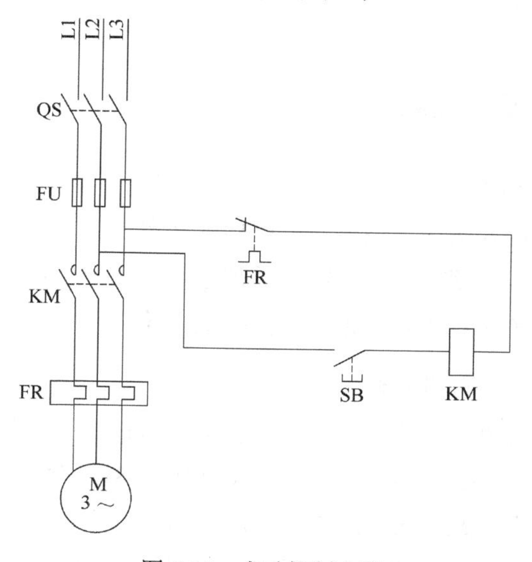

图 8-10　点动控制电路

（1）按下按钮 SB，KM 线圈通电，KM 主触点闭合，电动机起动。

（2）松开按钮 SB，KM 线圈断电，KM 主触点断开，电动机停止。

如果既需要点动，也需要连续运行（也称长动），可以对自锁触点进行控制。例如，可与自锁触点串联一个开关 S，控制电路如图 8-11 所示（主电路同图 8-10）。

当 S 闭合时，自锁触点 KM 发挥作用，可以对电动机实现连续运行控制；

当 S 断开时，自锁触点 KM 失去作用，只能用 SB2 对电动机进行点动控制。

在图 8-12 中，起动、停止、点动各用一个按钮。

当按点动按钮 SB3 时，其常闭触点先断开，常开触点后闭合，电动机起动。

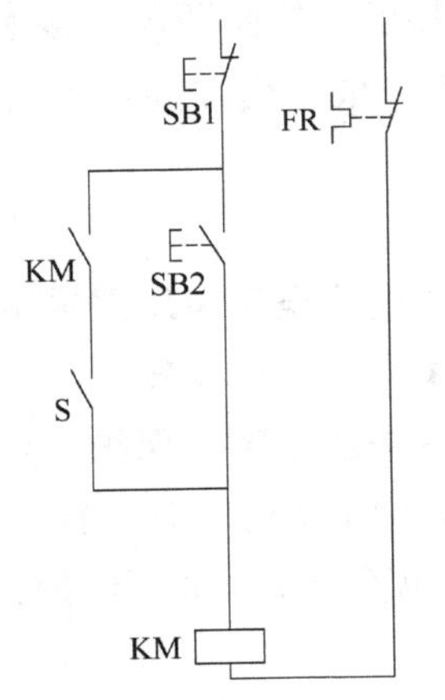

图 8-11　点动+长动控制方案一

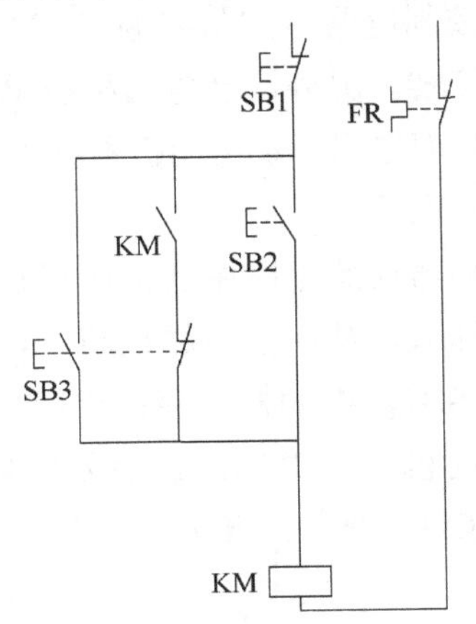

图 8-12　点动+长动控制方案二

当松开按钮 SB3 时，其常开触点先断开，常闭触点后闭合，电动机停转。

当按下长动按钮 SB2，KM 辅助触点闭合自锁，即使断开按钮 SB2，电动机仍然旋转，从而实现了长动控制。

8.2.3　电动机正反转控制

正反转控制电路是指采用某一方式使电动机实现正反转向调换的控制。在工厂动力设备上，通常采用改变接入电动机绕组的电源相序来实现。

电动机的正反转控制电路有许多类型，如接触器互锁正反转控制电路、按钮互锁正反转控制电路、接触器按钮双重互锁正反转控制电路等。

1．接触器互锁正反转控制线路

接触器互锁正反转控制电路中采用了两个接触器，即正转用的接触器 KM1 和反转用的接触器 KM2，它们分别由正转按钮 SB2 和反转按钮 SB3 控制，如图 8-13 所示。为了避免两只接触器 KM1 和 KM2 的主触点同时闭合通电动作，在正反转控制电路中分别串接了对方接触器的一个常闭辅助触点。这样当一个接触器通电动作时，通过常闭辅助触点使另一个接触器不能通电动作，接触器间这种相互制约的作用被称为接触器互锁，或联锁。实现互锁作用的常闭辅助触点叫作互锁触点，或联锁触点。

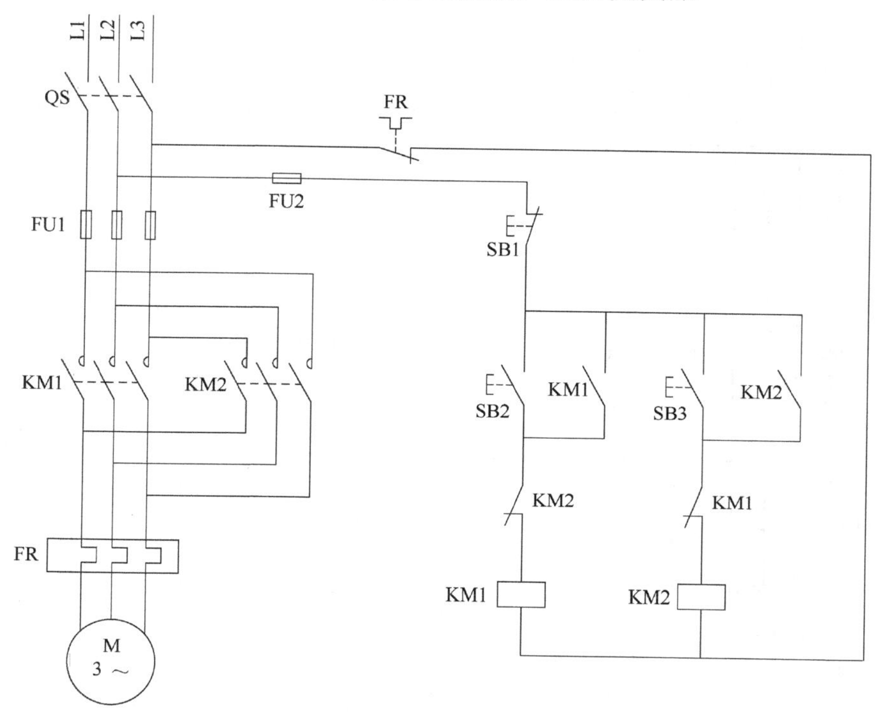

图 8-13　接触器互锁正反转控制线路

接触器互锁正反转控制的操作过程和工作原理如下（先合上开关 QS）。

（1）正向控制

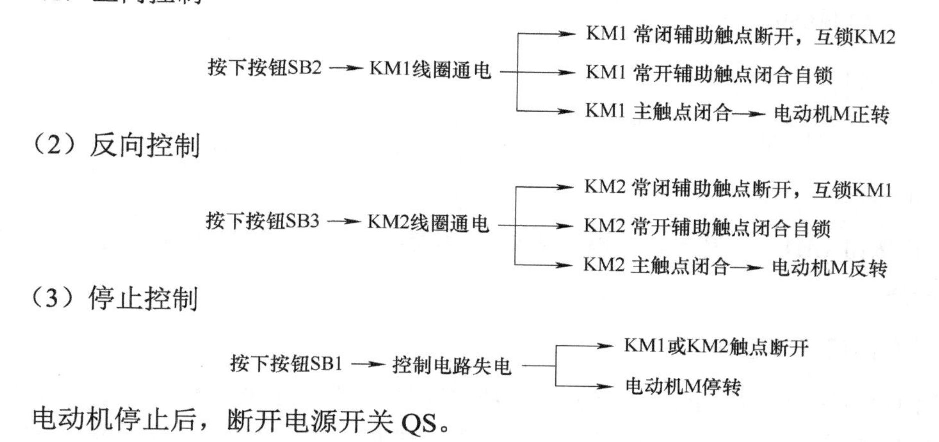

电动机停止后，断开电源开关 QS。

2．按钮互锁正反转控制

按钮互锁正反转控制是把正转按钮 SB2 和反转按钮 SB3 换成两个复合按钮，并使两个复合按钮的常闭触点代替接触器的互锁触点，从而克服了接触器互锁正反转控制操作不便的缺点，如图 8-14 所示。

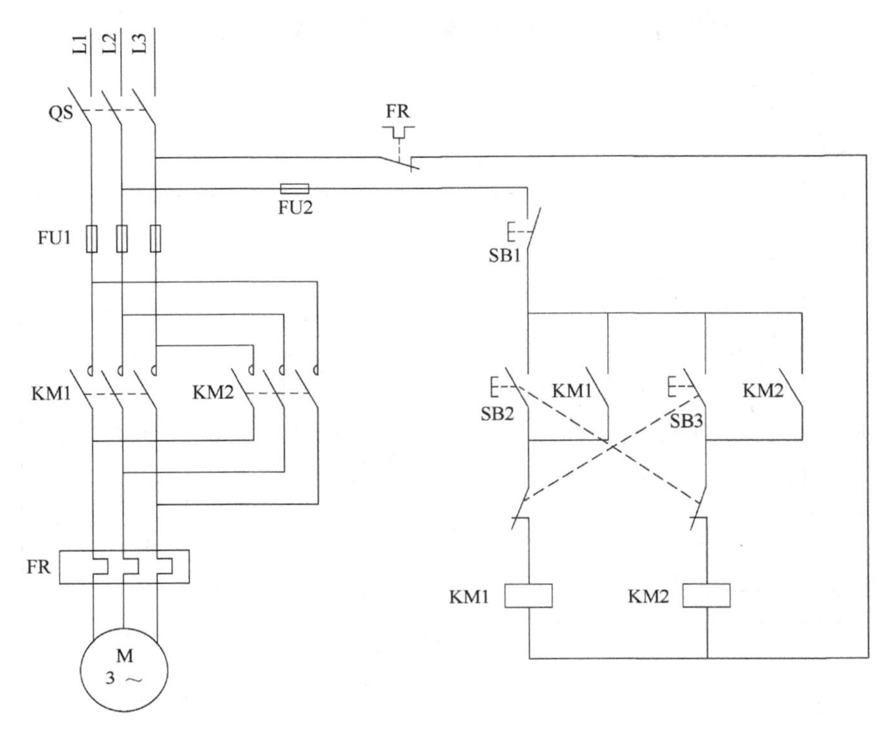

图 8-14　按钮互锁正反转控制线路

按钮互锁正反转控制的操作过程和工作原理如下（先合上电源开关 QS）：

（1）正向控制

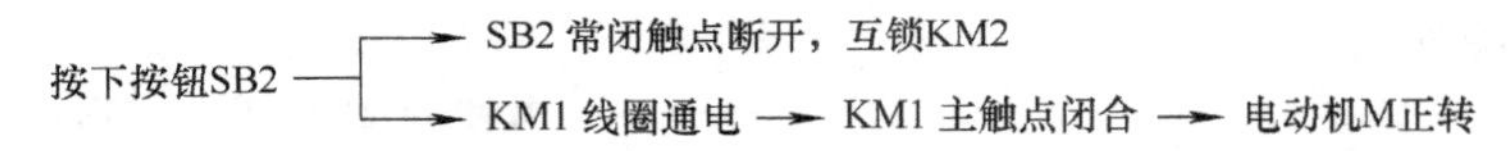

（2）反向控制

按下按钮SB3 → SB3 常闭触点断开，互锁KM1
→ KM2 线圈通电 → KM2 主触点闭合 → 电动机M反转

（3）停止控制

按下停止按钮 SB1，控制电路失电，所有接触器线圈失电，电动机 M 停止运转，断开电源开关 QS。

3．双重互锁正反转控制

为防止两个接触器 KM1 和 KM2 的主触点同时闭合，造成主电路 L1 和 L3 两相电源短路，要求 KM1 和 KM2 不能同时通电。因此在控制电路中，采用了按钮和接触器双重互锁，以保证接触器 KM1 和 KM2 不会同时闭合通电，即在接触器 KM1 和 KM2 线圈支路中，相互串联对方的一个常闭辅助触点（接触器互锁），正反转起动按钮 SB2、SB3 的常闭触点分别与对方的常开触点相互串联（按钮互锁），如图 8-15 所示。

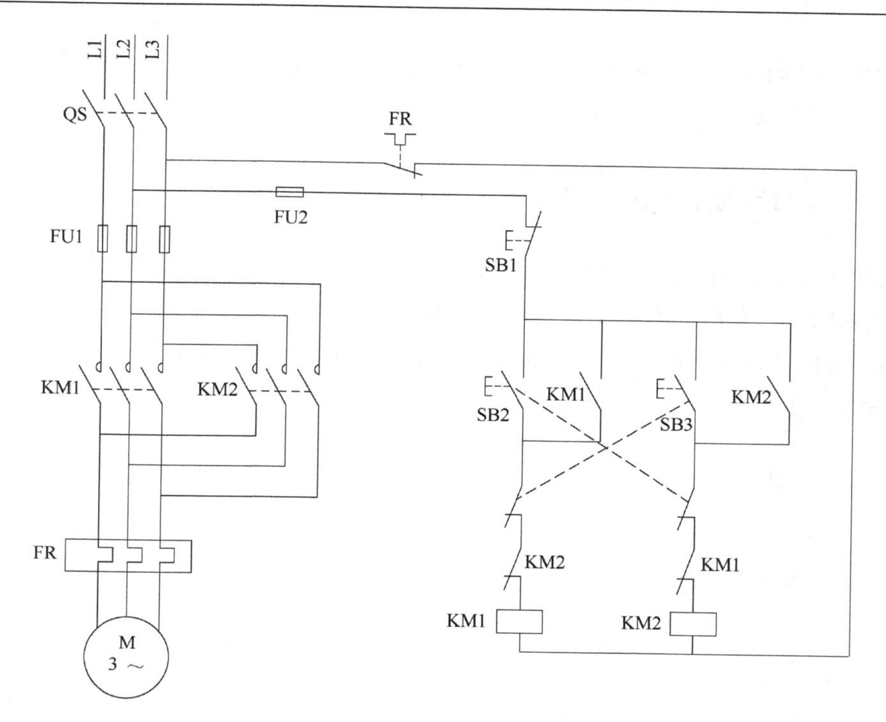

图 8-15　接触器按钮双重互锁正反转控制电路

接触器按钮双重互锁正反转控制电路的操作过程和工作原理如下（先合上电源开关 QS）：

（1）正向控制

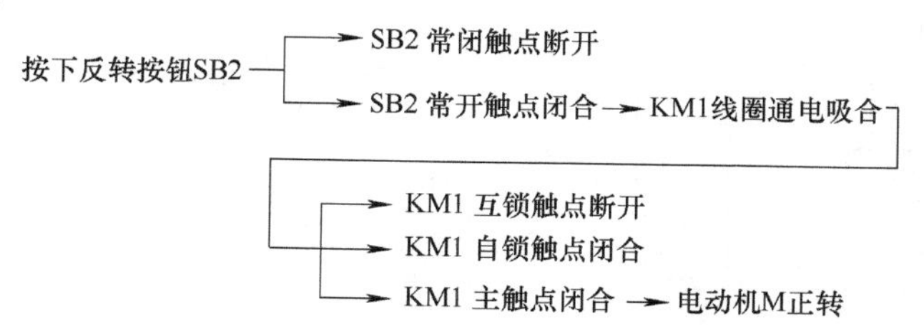

（2）反向控制

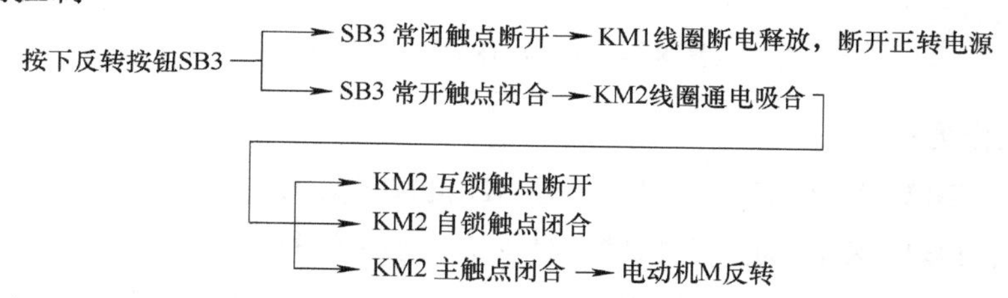

（3）停止控制

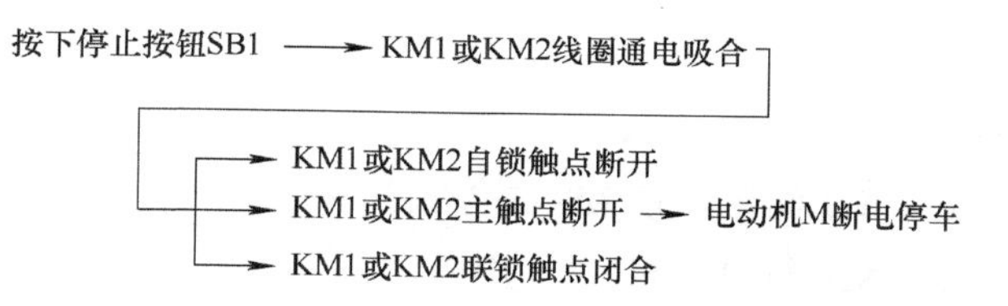

熔断器 FU1 作主电路（电动机）的短路保护，熔断器 FU2 作控制电路的短路保护，热继电器 FR 作电动机的过载保护。

8.2.4 多台电动机顺序控制

在生产实践中，常见到多台电动机拖动一套设备的情况，为了满足各种生产工艺的要求，几台电动机的起、停等动作常常有顺序上和时间上的约束。图 8-16 的主电路有 M1 和 M2 两台电动机，起动时，只有 M1 先起动、M2 才能起动；停车时，只有 M2 先停，M1 才能停。

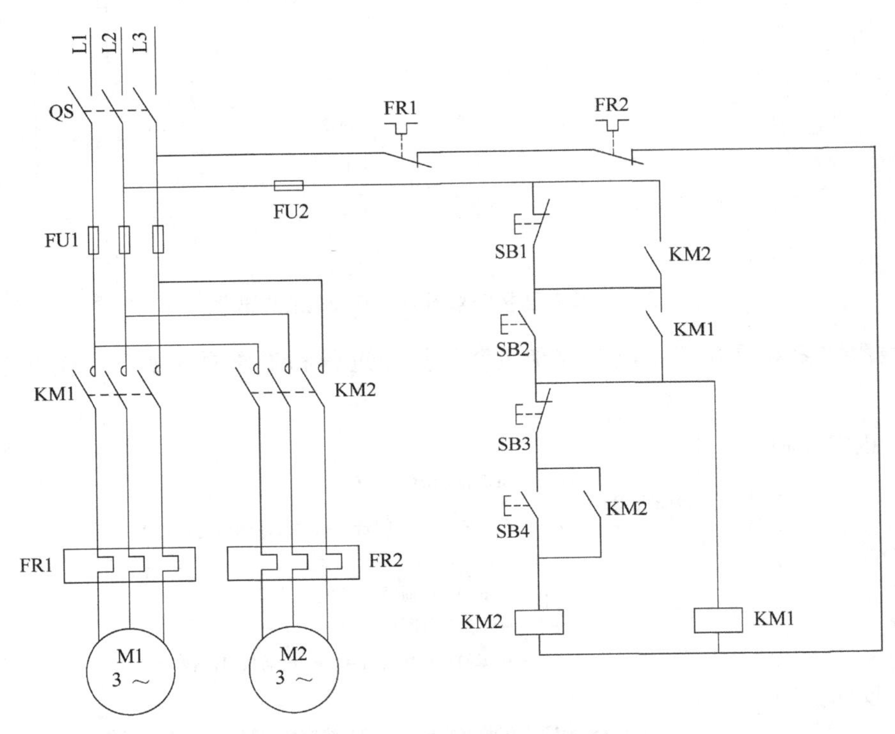

图 8-16 两台电动机互锁控制

起动的操作为：

1）先按下 SB2，KM1 通电并自锁，使 M1 起动并运行。

2）再按下 SB4，KM2 通电并自锁，使 M2 起动并运行。

3）如果在按下 SB2 之前先按下 SB4，由于 KM1 和 KM2 的常开触点都没闭合，KM2 是不会通电的。

停车的操作为：

1）先按下 SB3 让 KM2 断电，使 M2 先停。

2）再按下 SB1 使 KM1 断电，M1 才能停。

3）由于只要 KM2 通电，SB1 就被短路而失去作用，所以在按下 SB3 之前按下 SB1，KM1 和 KM2 都不会断电。只有先断开与 SB1 并联的触点 KM2，SB1 才会起作用。

8.2.5　行程控制

利用行程开关可以对生产机械实现行程、限位、自动循环等控制。

图 8-17 是一个简单的行程控制的例子。如图 8-17a 所示，生产机械的运动部件 A 由一台电动机 M 驱动，滚轮式行程开关 ST_a 和 ST_b 分别安装在工作台的原位和终点，由装在 A 上的挡块来撞动。控制电路如图 8-17b 所示。

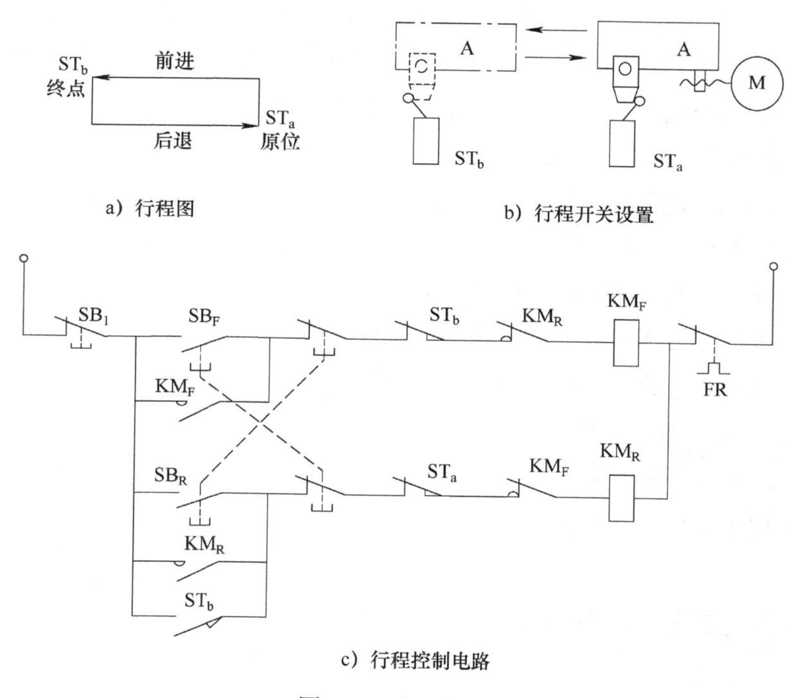

a）行程图　　b）行程开关设置

c）行程控制电路

图 8-17　行程控制

图 8-17 对 A 实施如下控制：

1）当 A 在原位时，起动后只能前进不能后退。

2）A 前进到终点立即往回退，退回原位自停。

3）A 在前进或后退途中均可停，再起动时既可进也可退。

4）若暂时停电后再复电时，A 不会自行起动。

5）若 A 运行途中受阻，在一定时间内拖动电动机应自行断电。

图 8-17 的控制原理为：

1）A 在原位时压下行程开关 ST_a，使串接在反转控制电路中的常闭触点 ST_a 断开。这时，即使按下反转按钮 SB_R，反转接触器线圈 KM_R 也不会通电，所以在原位时电动机不能反转。当按下正转起动按钮 SB_F 时，正转接触器线圈 KM_F 通电，电动机正转并带动 A 前进，常闭触点 ST_a 释放不受压，恢复常闭。可见 A 在原位只能前进，不能后退。

2）当工作台达到终点时，A 上的撞块压下终点行程开关 ST_b，使串接在正转控制电路中的常开触点 ST_b 闭合，使反转接触器线圈 KM_R 得以通电，电动机反转并带动 A 后退。A 退回原位，撞块压下 ST_a，使串接在反转控制电路中的常闭触点 ST_a 断开，反转接触器线圈 KM_R 断电，电动机停止转动，A 自动停在原位。

3）在 A 前进途中，当按下停止按钮 SB_1 时，线圈 KM_F 断电，电动机停转。再起动时，由于 ST_a 和 ST_b 均不受压，因此可以按正转起动按钮 SB_F 使 A 前进，也可以按反转起动按钮 SB_R 使 A 后退。同理在 A 后退途中，也可以进行类似的操作而实现反向运行。

4）若在 A 运行途中断电，因为断电时自锁触点都已经断开，再复位时，只要 A 不在终点位置，A 是不会自行起动的。

5）若 A 运行途中受阻，则拖动电动机出现堵转现象。其电流很大，会使主电路中热继电器的热元件发热，一段时间后，串联在控制电路中的常闭触点 FR 断开而使两个接触器线圈断电，使电动机脱离电源而停转。

行程开关不仅可用作行程控制，也可用于进行限位或终端保护，例如在图 8-17 中，可在 ST_a 的右侧和 ST_b 的左侧再各设置一个保护行程开关，两个用于保护的行程开关的触点分别与 ST_a 和 ST_b 的触点串联。一旦 ST_a 或 ST_b 失灵，则 A 会继续运行而超出规定的行程，但当 A 撞动这两个保护行程开关时，由于保护行程开关动作而使电动机自动停止运行，从而实现了限位或终端保护。

8.2.6 Y-△起动控制电路

Y-△起动是指在电动机起动时，控制定子绕组先接成Y，至起动即将结束时再转换成△进行正常运行的起动方法。Y-△起动具有电路结构简单、成本低的特点，但其起动电流降为直接起动电流的 1/3，起动转矩也降为直接起动转矩的 1/3。因此Y-△减压起动仅适用于电动机空载或轻载起动，且要求正常运行时定子绕组为△连接。

常见的Y-△减压起动控制电路如图 8-18 所示。图中主电路有 3 只接触器 KM_1、KM_2、KM_3，主触点的通断配合，分别将电动机的定子绕组接成Y或△。

当 KM_1、KM_3 线圈通电吸合时，其主触点闭合，定子绕组接成Y。

当 KM_1、KM_2 线圈通电吸合时，其主触点闭合，定子绕组接成△。

两种接线方式的切换由控制电路中的时间继电器定时自动完成。

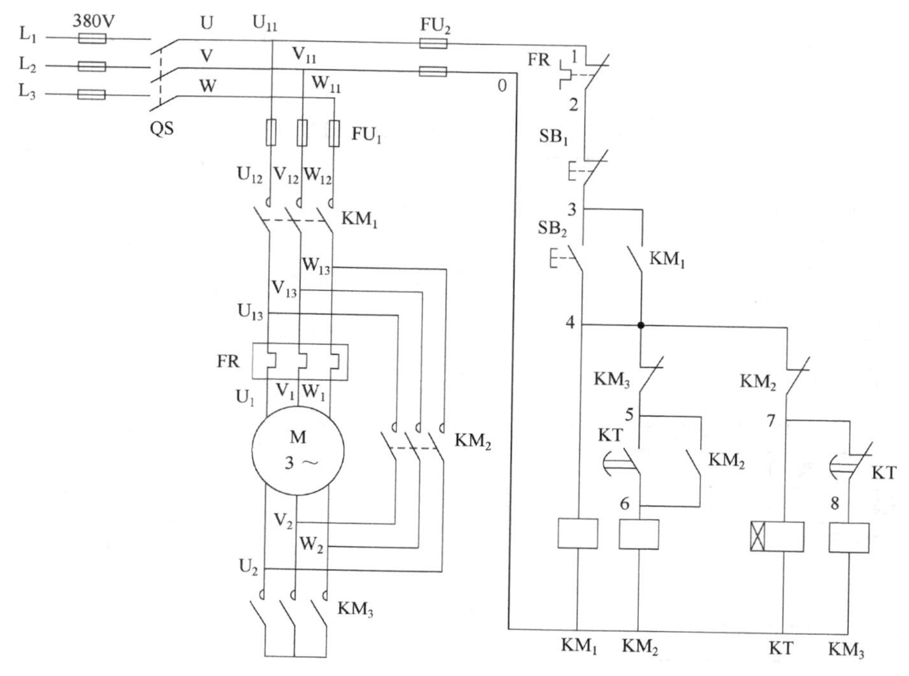

图 8-18　Y-△减压起动自动控制电路图

（1）起动电动机，Y-△减压起动自动控制的操作过程和工作原理如下（先合上 QS）：

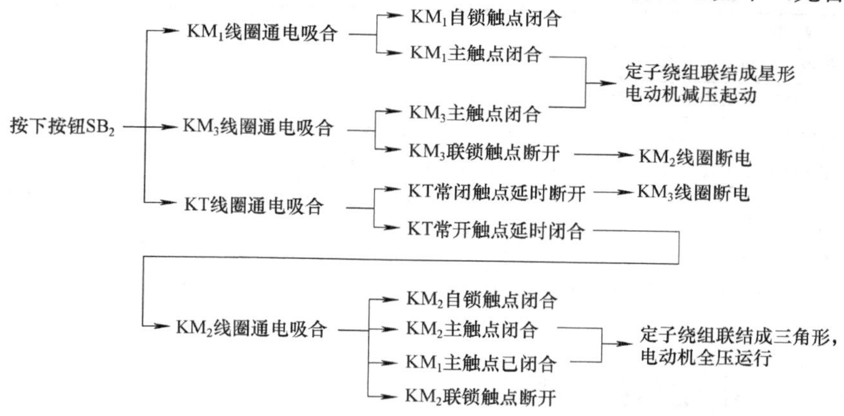

（2）停止电动机，按下按钮 SB_1，控制电路断电，KM_1、KM_2、KM_3 线圈断电释放，电动机 M 断电停车。

8.3　电动机常见故障的处理

三相异步电动机在长期运行中，也会遇到各种故障，及时正确判断故障原因，进行相应处理，是防止故障扩大、保证设备正常运行的一项重要的工作。下面是一些常见故障分析，可供参考。

通电后电动机不能转动，但无异响，也无烧焦味和冒烟，其故障分析和处理方法见表 8-3。

表 8-3　通电后电动机不能转动的故障分析和处理方法

故 障 分 析	处 理 方 法
电源未通（至少两相未通）	检查电源开关，熔丝、接线盒处是否有断点，及时修复
熔丝熔断（至少两相熔断）	检查熔丝型号、熔断原因，更换熔丝
过流继电器调得过小	调节继电器整定值与电动机配合
控制线路接线错误	改正接线

通电后电动机不转，然后熔丝烧断，其故障分析和处理方法见表 8-4。

表 8-4　通电后电动机不转，然后熔丝烧断的故障分析和处理方法

故 障 分 析	处 理 方 法
缺一相电源，或定子线圈某相相线反接	检查开关是否有一相未合好或电源有一相断线；消除反接故障
定子绕组相间短路	查出短路点，予以修复
定子绕组接地	消除接地
定子绕组接线错误	检查接法，予以更正
熔丝截面过小	更换熔丝

通电后电动机不转，有嗡嗡声，其故障分析和处理方法见表 8-5。

表 8-5　通电后电动机不转有嗡嗡声的故障分析和处理方法

故 障 分 析	处 理 方 法
定绕组一相断线或电源一相失电	检查断点，予以修复
绕组引出线首尾端接错或绕组内部接反	检查绕组极性判断绕组尾端是否正确
电源回路接点松动，接触电阻大	紧固松动的接线螺丝，用万用表判断各接头是否虚接，并修复
电动机负载过大或转子卡住	减载或查出并消除机械故障
电源电压过低	检查是否把规定的△误接为Y；检查是否由于电源导线过细使电压降过大，予以纠正
轴承卡住	修复轴承，或充分润滑

8.4　实训——电动机控制配盘

8.4.1　电气元件的布置

1．基本要求

电气元件的布置应注意：

（1）体积大和较重的电器元件应安装在网孔板的下面，而发热元件应安装在网孔板的上面。

（2）强电和弱电需分开并注意屏蔽，防止外界干扰。

（3）需要经常维护、检修、调整的电气元件安装位置不宜过高或过低。

（4）电气元件的布置应考虑整齐、美观、对称。外形尺寸与结构类似的电气元件安放在一起，以利加工、安装和配线。

（5）电气元件布置不宜过密，要留有一定的间距，若采用线槽配线方式，应适当加大各排电气元件间距，以便布线和维护。

2. 布置图

各电气元件的位置确定以后，便可绘制电气元件布置图。布置图可作为底板加工的依据，如图 8-19 所示。

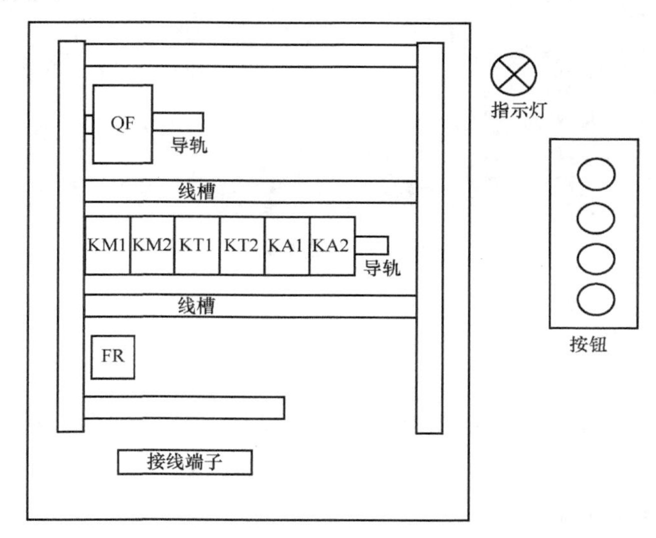

图 8-19　电气元件布置图

3. 安装

根据网孔板和电气元件布置图，安装导轨和线槽，如图 8-20 所示。

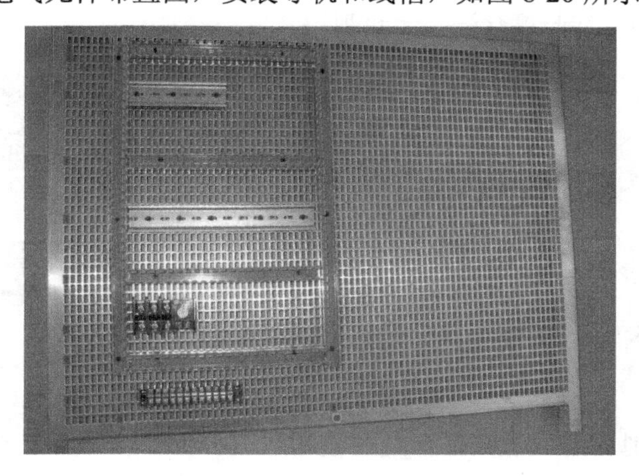

图 8-20　安装导轨和线槽

在网孔板上摆放电气元件需考虑器件的尺寸，充分利用空间。依次摆放器件，要做到位置合理，布置整齐，如图 8-21 所示。

图 8-21　摆放器件

8.4.2　接线操作

安装完整后，按照原理图设计接线，如图 8-22 所示。导线的连接要求是：

（1）导线连接应遵循“上进下出，左进右出”的原则。

（2）线槽外部导线应横平竖直。

（3）相线、零线和地线颜色应分开。

（4）接线时以短线为宜，应留出余量。

（5）导线连接牢固，螺钉应拧得松紧合适。

（6）接点处裸露导线长度合适、无毛刺。

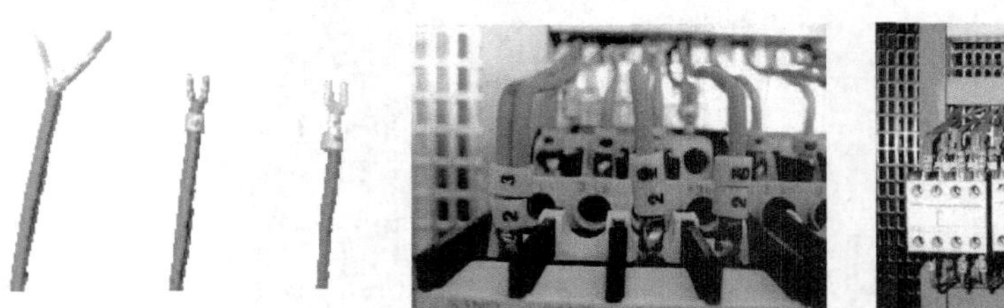

a）线头的处理　　b）连接导线

图 8-22　连接导线

电工线号的编制规则可以根据不同的电气系统和应用场景而有所不同。常见的线号规则如下：

（1）数字编号　通常使用数字来表示电线的功能或位置，例如：1 表示电源线，2 表示控制线，3 表示信号线等。

（2）字母编号　可以使用字母来表示电线的位置或电压等级，例如：A 表示主线，B 表示支线，C 表示地线等。

（3）组合编号　将数字和字母组合起来表示电线的功能、位置和电压等级等信息，例如：1A 表示电源线主线，2B 表示控制线支线等。

在实际应用中，电工线号的编制规则应该根据具体的电气系统和应用场景进行确定，并确保编号的唯一性和易于识别。电工应该严格按照线号规则进行电线的标识和连接，以确保电气系统的安全和可靠性。

8.4.3　上电调试

合上实验台的电源开关，用万用表测量电源电压，如图 8-23a 所示，测量两根相线之间的电压。再合上网孔板的电路总开关，测量电压，如图 8-23b 所示，查看三相电是否完好。

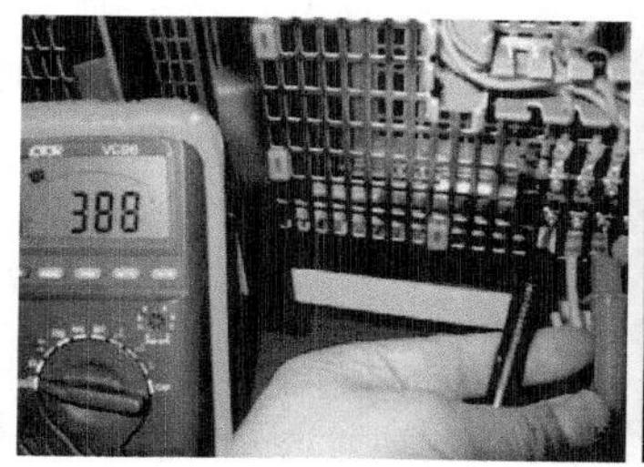

a）测量实验台电源电压　　b）测量网孔板上电源电压

图 8-23　上电测试

按下起动按钮，观察电动机的转向。测量电动机的相间电压，查看是否对称或缺相，如图 8-24 所示。

图 8-24　测试电机电压

参 考 文 献

[1] 刘涛. 维修电工实训[M]. 北京：人民邮电出版社，2009.

[2] 邱勇进. 维修电工[M]. 北京：化学工业出版社，2016.

[3] 何应俊. 维修电工上岗技能实物图解[M]. 北京：机械工业出版社，2018.

[4] 童诗白. 模拟电子技术基础[M]. 北京：高等教育出版社，2015.

[5] 徐淑华. 电工电子技术[M]. 4 版. 北京：电子工业出版社，2017.

[6] 徐世许，丁文花，朱妙其，等. 可编程序控制器应用技术：欧姆龙 CJ1/CJ2 系列[M]. 北京：机械工业出版社，2017.

[7] 王阿根. 电气可编程控制原理与应用[M]. 4 版. 北京：清华大学出版社，2018.

[8] 王兆晶. 维修电工（高级）鉴定培训教材[M]. 北京：机械工业出版社，2019.

[9] 朱照红. 维修电工基本技能[M]. 2 版. 北京：中国劳动社会保障出版社，2009.

[10] 马效先. 维修电工技术[M]. 4 版. 北京：电子工业出版社，2007.